ちいさな酒蔵
33の物語
美《うつく》しのしずくを醸す時・人・地
中野恵利
人文書院

【醸《かも》し人《びと》たち】

ちいさな蔵で日々酒造りに向き合う杜氏、蔵元、女将、蔵人……。あらゆる〝醸し人〟の想いが、美《うつく》しのしずくに生命《いのち》を注ぎます。

若波酒造
今村友香氏（一〇四頁）
キュートな遊び心と探究心で酒造りをまとめる製造統括。

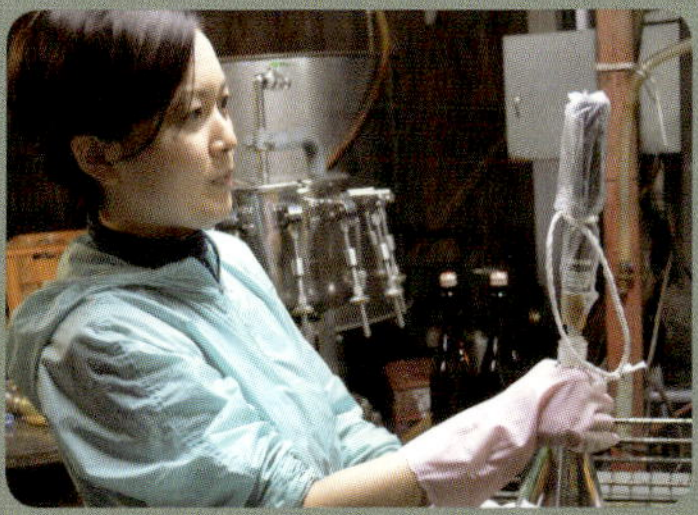

アリサワ
有澤綾氏（六二頁）
五代目蔵元夫人のはちきん魂が、人を、酒を育てる。

冨田酒造
冨田泰伸氏（一五〇頁）
鮮やかな主義を、鋭く確実に酒に刻む一五代蔵元。

川敬商店
川名由倫氏（四四頁）
覚悟と誓いの華を咲かせる場所はこの蔵……蔵元の一人娘。

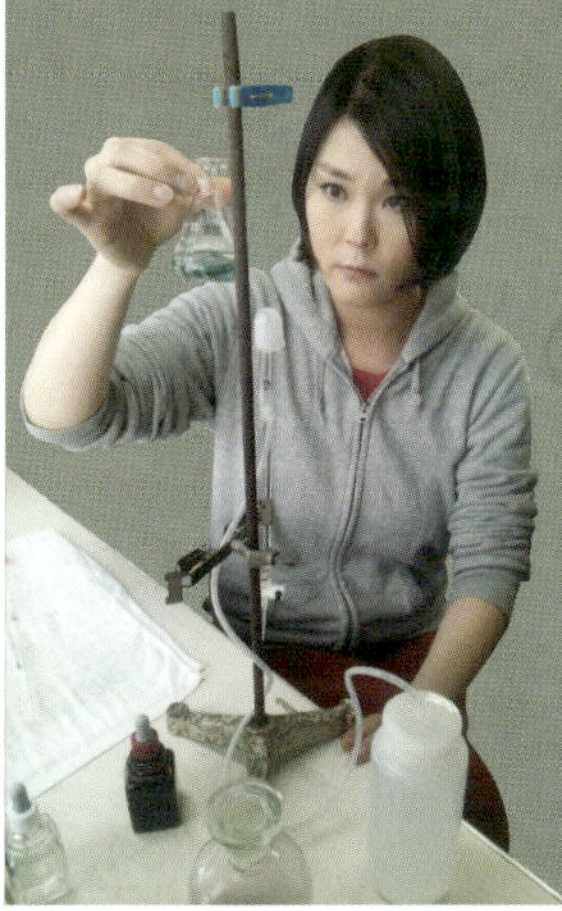

泉橋酒造

橋場友一氏（三〇頁）

米も酒も育てる蔵元杜氏。赤トンボは有機栽培のしるし。

中澤酒造

中沢一洋氏（九六頁）

和・輪・環・我、あらゆる「わ」を、醸す力に変える杜氏。

旭日酒造

寺田栄里子氏（三四頁）

神々の息づかいを感じる出雲で、喜びを醸す副杜氏。

若林酒造

山口竜馬氏（八頁）

ただひたすら滋味を編む杜氏。勝利や闘争とは縁を切る。

「酒と人は、たえず闘い、
たえず和解している仲のよい二人の闘士である。
そして、敗者が勝者を抱擁する」

ボードレール『人工楽園』より

はじめに

私は酒蔵が好きです。頬を刺す冷たい空気のなかを立ちのぼる湯気、ブーンブーンと静かにうなるモーターの音、うっとりするような香気、かいがいしく働く人。堂々とした蔵家屋に素っ気ないほどの無関心さで迎えられると、私はなぜか満足し、好きであるはずの場所から立ち去りたくなるのです。

多くの伝統産業の例に漏れず、世代交代が喫緊《きっきん》の課題のひとつである酒造業。ですが、そこは厳しい職人の世界。酒造りを志して酒蔵の門を叩くも、労働基準法適用外の過酷な環境に怖じ気づき、あっさりと引き下がる若者があとを絶ちません。新たな担い手を確保できずにいるところも少なくないと聞き及びます。

でも、酒蔵には確かに人がいて、そこでは当たり前のように酒が造られています。覚悟と誓い、誇りと意地を折り重ねるように生きる人。酒造《しゅぞう》を生業《なりわい》とする人々に、私はなぜ、こんなにも心を奪われるのでしょう?

私にわかることはただひとつ、伝統というカーテンの向こう側に、心と心を擦り合わせ、人を繋ぎ、未来を紡ぐ酒を生む人がいることだけ。

つじつまの合わない人生をあてもなく歩きまわる私にとって、酒蔵と、そこで働く人々は、リアルな蜃気楼なのかもしれません。何となく過ぎていくたくさんの弱音に彩られた日々にそっと寄り添うこの国の酒は、生きる力を滴《したた》らせた手が造っています。

ある日、日本酒の官能に魅せられた私は、思いつくままに日本酒のバーを開きました。店の名は「Japanese Refined Sake Bar 杜氏屋《とうじや》」。マリリン・モンローが生きていたら、六九歳になったはずの雨の夜でした。

夜な夜な集う酒徒と向き合うと、酒質について、醸造の歴史について数々の質問を受けます。そして時々、「どんなところで、どんな人が造っているの?」という素朴な質問が夜をかき混ぜるのです。日本中に、私が恋する酒蔵があります。私が恋する酒造家がいます。彼ら彼女らは、何に苛立ち、何を支えに、どんな夢を見て生きているのでしょう。その素顔を探す旅が始まりました。それは、決して近道を探さない旅。

さあ、一緒に来てください。そして、感じてほしい。暗がりに立ち込める湯気を、天に昇る香りを、そこにいる人の鼓動を……。あなたがこれから目撃するものは、水が染みこむようにゆっくりと少しずつ養い育てた、この国の、ちいさな酒蔵の物語なのです。

中野恵利

目次

Time Machine
1712
鎗シェリー樽熟成

第1章

木桶仕込み

変革を施されるクラシック

木の道具が酒蔵から消えて久しい今、
〝木桶だからこそ育つ味〟を求める酒造家たちが
様々なスタイルで木桶仕込みを復活させています。
今さら木桶なのか?
今こそ木桶なのか?
答えをみつける旅に出ました。

心ほどけるまぁるい酒

若林酒造《わかばやししゅぞう》「開春《かいしゅん》 倇《おん》」

深く狭い谷間のような温泉津《ゆのつ》の町。静かな入海に濃い緑が迫り、そのわずかな隙間に窮屈そうに建ち並ぶ家々は、山肌に貼りついているようにも、海を庭にしているようにも見えます。東西に長い島根県のほぼ真ん中、大田市温泉津町。温泉（湯）のある津（港）だから温泉津と呼ばれるこの町には、〝タヌキの湯〟〝ナマズの湯〟と呼ばれる泉質の異なる二つの温泉が湧き出ています。〝タヌキの湯〟は、昔々、傷ついた狸が湯浴《ゆあ》みし、傷を癒していたことを始まりとする元湯 泉薬湯。〝ナマズの湯〟は、明治五年（一八七二）の浜田地震を機に湧き出した薬

師湯。熱い湯口は長い間そこにあり、旅の酒徒を招き、引き留めるのです。
石見《いわみ》銀山と日本海を繋ぐ銀山街道の終着点温泉津は、鉄道開通までは幾世紀にもまたがる繁栄を享受してきた山陰屈指の商港でした。この町がまだ、商港としての機能を失っていない明治二年（一八六九）、「開春《かいしゅん》」醸造元・若林酒造は創業します。戊辰《ぼしん》戦争が終結し、明治の世が本格的に始まろうとしていた年でした。

近代日本の黎明とともに滴《したた》り落ちた「開春」。その酒銘は、陶淵明の漢詩「開春理常業、歳功聊可観（中略）盥濯息簷下、斗酒散襟顔」の中の二文字から成ります。東晋から宋にかけての動乱の時代を、田畑を耕し生きることを理想とした無類の酒好き、淵明。その詩には、一日の労働のあとの酒に心をほころばせ、富も名誉も求めず、ただただ己と向き合い暮らそうとする男の純朴さが滲《にじ》みます。淵明の精神は、酒造の奥義として若林家当主に代々受け継がれてきました。

明治初期築の蔵には煉瓦造りの看板が掲げられている

言霊《ことだま》の幸《さきわ》ふ国では、文字や言葉には神秘的な力があると信じられてきました。若林家にも蔵に棲む文字のお話が伝わります。

――昭和の初め、三代目蔵元・信久の時代のことでした。ある晩、信久の妻サダの夢枕にお釈迦様がお立ちになられ、それはそれはしなやかな笑みを浮かべながら「倇《おん》」の文字をお授けになられたのです。〝喜び楽しむ〟という意味を持ったこの文字を、サダは蔵や母屋の彼方此方に貼り、お守りとして大切に扱ったのです。以来「倇」は、梁や柱にくっきりと輪郭を現しながら、皆の様子をうかがうようになったのです――

それから二代を経て、「倇」は酒銘になりました。平成一五年

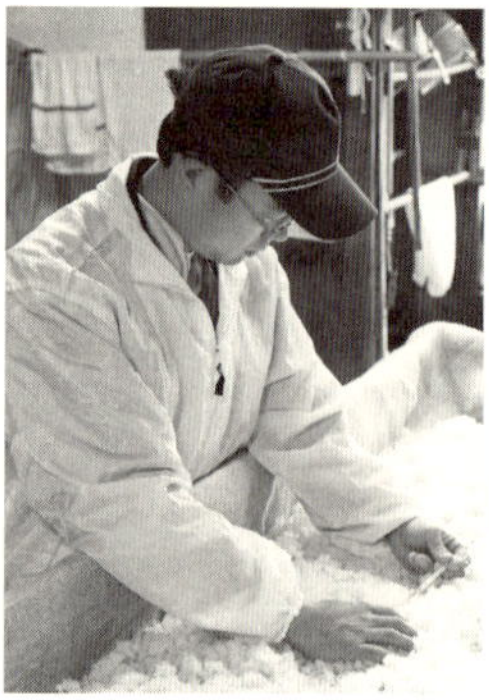

（上）蒸し上がった米を放冷機へ移すため、すくい出す。（左）蒸米の温度を測ってチェックする、山口竜馬杜氏

（二〇〇三）長い間使われることのなかった木桶での酒造りを復活させ、その酒を「倇」と名付けたのです。

木桶という道具は、それだけが持つ「言葉」で微生物と対話します。パチパチ……ザァザァ……。理解されないことを恐れない微生物たちの声が桶を震わせます。そう、木という素材は、ミクロの力を抱きかかえるように育て、微生物たちに調和を促すことによって酒を生むのです。木桶と米と、蔵に居つく有用な菌が、それぞれを肯定し合い、杜氏の創造力を借りずに酒になっていくのです。「つきつめた発酵」と、山口竜馬杜氏は言います。「今、お酒はつくられすぎている。だから、本来の発酵に立ち返らせてやりたかった」。高い酒造技術を誇る日本では、ほとんどの酒が杜氏によって巧妙にデザインされていきます。そんななか、「倇」は、蔵の色がそのまま出た酒なのです。

どんな微量成分が優勢に立つかわからない、杜氏がデザインしない酒「倇」。造るたび違う野趣あふれる香味は、万人に理解を求めるものではありません。誰かと競うことも、時代に媚《こ》びることもしないこの蔵は、酒の中に、世の変遷を知ることのない理想郷を造り上げようとしているのです。陶淵明がそうであったように、富も名誉も求めず、怯えや嘆きと向き合いながら。

「私は若い頃、一一年間体操競技に打ち込んでいました。人ができないことができる快感に魅せられて（笑）。体操は他者との闘いではなく、自己との闘い。だからうちの酒も、他社と比べることはなく、明確な個性を追求しているのかもしれません」。復活させた木桶仕込みの酒に「俛」と名付けた五代目蔵元・若林邦宏氏は語ります。

「温泉津は谷間にへばりついたような町で、私が小さかった頃から基本的には何も変わっていません。ただ、人は少なくなりました。たまに来れば良いところ、ずっと居れば退屈になる（笑）。でも、酒を造るには丁度いい」。

勝ち負けにこだわらず、自己との対話からその時々の印象を編み、滋味を生み出そうとする人がいます。その手を、酒を造ることのみに差し出す人がいるのです。

少し憂鬱そうな山陰の空が、海や、山や、赤い石州瓦を乗せた家々を見下ろします。道が狭くバスが入れないため、石見銀山遺跡とその文化的景観として世界遺産に登録されたあとも観光客が増えなかったこの町。夜になると、江戸時代のままの町割りのなかで、旅館や商家にポツポツ灯る明かりが、明治・大正の風情を浮かび上がらせ、過去を見せてくれます。人も、自然も、酒も、まあるくかがんで語りかけてくるような心ほどける風景。

「さいさい来んさい。みやすい町ですけぇ」。（何度もおいでなさい。やさしい町ですから）

若林酒造有限会社
主要銘柄「開春」

住　所：島根県大田市温泉津町小浜ロ 73
電　話：0855-65-2007
アクセス：JR 温泉津駅から徒歩約 5 分
U R L：http://www.kaishun.co.jp/

シンボルを醸す

若駒酒造《わかこましゅぞう》「太〇《かねたまる》」

川面に零《こぼ》れ落ちる陽射しが、河畔の緑に眩しく跳ね返る七月。浴衣姿の子どもたちが、和紙や藁で作った舟にお雛様を乗せ、思川《おもいがわ》に流します。この流し雛は、下野人形《しもつけひとがた》と呼ばれる紙人形に願いをかけ、幸せを求める、小山《おやま》の夏の風物詩です。

栃木県小山市小薬《こぐすり》。古くからの風習を蘇らせた町には江戸時代にタイムスリップしたような風景があります。若駒酒造。新たなナショナリズムが勃興するなか、幕藩体制の解体を間近に控えた万延元年（一八六〇）の創業です。蔵を代表する酒銘「若駒」は、このあたりのならわしにより、初《はつ》午《うま》の日に巡らせた飾り馬が店に飛び込んできたこ

とを由来としています。

現蔵元は、五代目の柏瀬《かしわせ》福一郎《ふくいちろう》氏。杜氏の任に就くのは、次男・幸裕《ゆきひろ》氏です。柏瀬家は近江商人を祖とし、四代目までは店は関東に、家族は関西に置いていました。そのため福一郎氏は、跡取りでありながら関西で育ち、商売の有り様《よう》を肌で感じることのないまま蔵元になったといいます。

先人たちは、「始末」（倹約）して「きばる」（頑張る）近江商人の勤勉さをもって蔵を大きくし、最盛期には現所在地の周辺に四〇町以上、関西に三〇町以上の土地を所有した地主でした。一町は約三千坪ですから、その所有地の広大さは、にわかには想像もつきません。しかし、こつこつと努めて得た土地は、太平洋戦争に出征した三代目の復員が遅れた戦後、不在地主とみなされたため、農地解放でそのほとんどを失ってしまいました。

昔ながらの佇まいを残す蔵は登録有形文化財。ドラマの撮影現場にもなった

国の登録有形文化財に指定されている蔵家屋は静けさをまとい、田園を前庭に、どっしりと腰をおろしているように見えます。息を止めたような木柱に支えられたこの建物が、平成二三年（二〇一一）に放送されたテレビドラマ「ＪＩＮ―仁―」の撮影現場となり、それとは知らない多くの人の目に触れることになったのは、記憶に新しいところです。

この蔵に、若手女子酒造家から「酒造家、蔵元、主婦、どれもこなすかっこいい姉御」と、敬愛される人がいます。五代目蔵元夫人で、幸裕氏の前に杜氏を務めた英子《えいこ》氏です。

「嫁いできたとき、初めて見た木桶の大きさに圧倒されました。でも、その多くは死蔵されていたのです」。女性酒造家のパイオニアであると

代々蔵に受け継がれてきた木桶を仕込みに
蘇らせた、柏瀬英子氏

同時に、嫁・妻・母・酒蔵の女将——あらゆる〝女〟を生きるスーパーレディが、伝統の道具を振り返ります。

「もったいなく、なんとか活用する方法はないものかと思いました。そんなとき、酒を仕込む道具なんだから酒を仕込めばいい。そうすることにより、道具のみならず、それを使う職人の技をも残せるんだと気づいたのです」。

平成二〇年（二〇〇八）、六四年ぶりに木桶仕込みを復活させます。古い道具と瓦に刻まれたシンボルは、伝承されたもの同士と考え、酒銘は「太〇」としました。

「太〇」。謎を仕掛けるような酒銘は、判じ物と呼ばれ、文字や絵にある意義を寓して判じさせる文字で、「かねたまる」と読みます。鬼瓦にも認められる、創業の頃よりかかげてきた若駒酒造のシンボルです。漢字に置き換えると「金貯まる」。蓄財の重みをさとらせる謎掛けなのです。

「木桶での仕込みは、腐造の心配がつきまといます。でも、思いのほか外気温による醪《もろみ》の温度変化は激しくなく、木肌が呼吸をしているせいか、とても優しい味わいになります」。

「太〇」の折り重なる細かな酸は、鮮明過ぎて幻のような気がします。まろやかなボディはとても優雅で、鼻腔をくすぐるかすかな木香《きが》は、温かさを連れてくるのです。微生物の鼓動を吸って、長い間放置されていた木桶は蘇りました。

木桶という古道具に再び息を吹き込んだ英子氏は、その後、杜氏の任を退き、息子・幸裕氏に後事を託しました。「幸裕には蔵がどん底の時に入蔵させてしまい、すまないと思っています。そんななか、一生懸命に酒造りに取り組んで、蔵の経営を立て直そうとしてくれる姿に、ありがたさとたくましさを感じます。改めて言いたい。幸裕、ありがとう！　これからもよろしくねって」。英子氏の言葉は続きます。「夫は『趣味は家族』と言う優しい人。資金繰りに多くの時間を費やし、一日の休みもとらずに働いて病に倒れ、入退院を繰り返しながら、それでも自分を鼓舞して頑張ってくれます」と。

小山の夏。思川に浮かぶ絞りの紙衣《かみごろも》をまとったお雛様の目鼻のない顔は、ツンと澄ましているようにも、優しく微笑んでいるようにも見え、ゆっくりと、時折危うげに川を下っていく様子は、人々に雛の旅の無事を祈らせます。

あと少し、もう少し、と、現状を越えるためにひたすら頑張る家族があります。どん底……。そう思うこともあるけれど、きっと乗り越えられる、そう信じて、庇《かば》い、分かちあい、心を擦り合わせて道を行きます。後ろを振り返るのは、私たちらしくないと。

六代目蔵元・幸裕氏が奈良・油長酒造での三年間の修業を経て立ち上げた「若駒」。今、注目のシリーズ

若駒酒造株式会社

主要銘柄「若駒」

住　所：栃木県小山市小薬 169-1
電　話：0285-37-0429
アクセス：JR 思川駅から徒歩約 20 分／JR 小山駅から車で約 15 分
URL：なし

純米シャトー

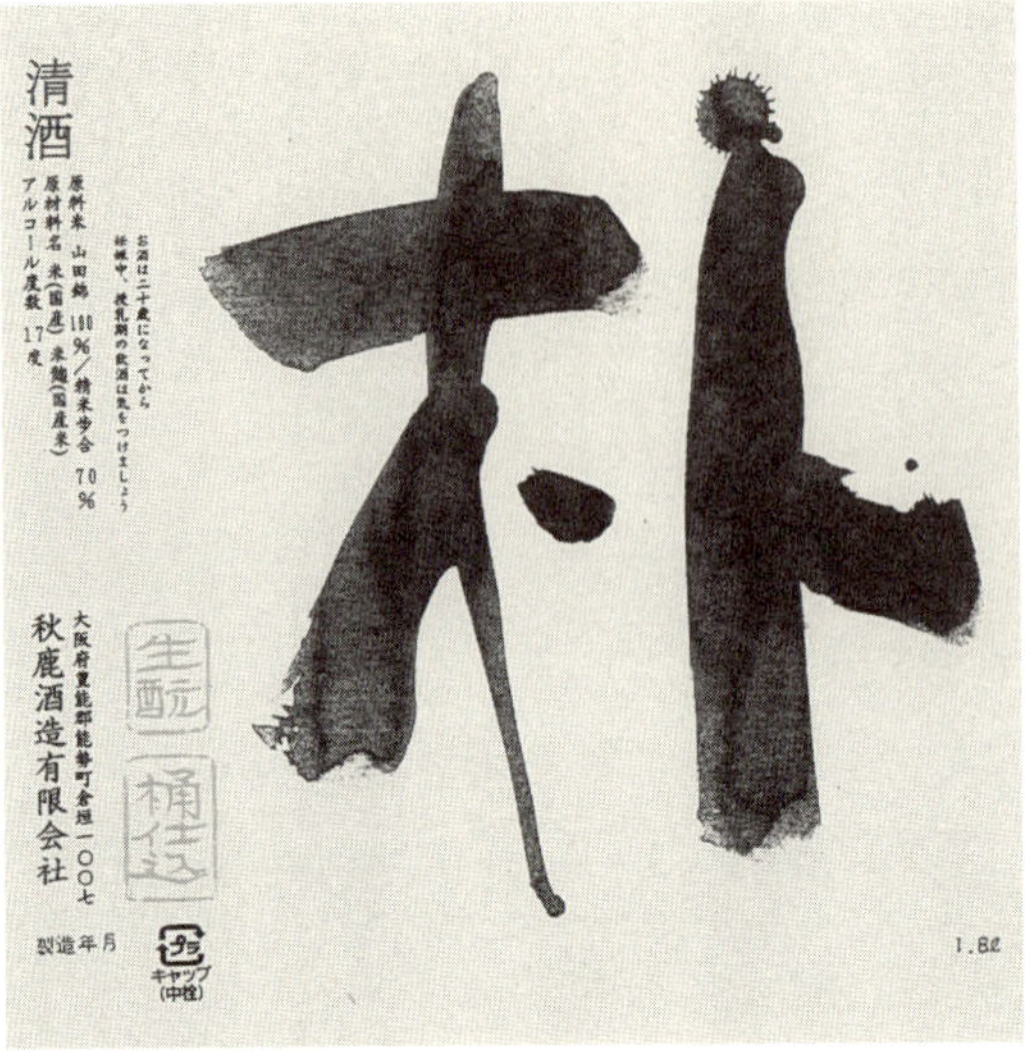

秋鹿酒造《あきしかしゅぞう》「朴《ぼく》」

昔々、愛は歌にのせて求められ、神の棲む山には、謎をかけるような恋の歌が響いたといいます。言葉の魔術に解きほぐされた者は、男も、女も、胸を開き、喜びに泣き濡れ、おおらかに交わったのでした。

大阪府の最北端、豊能郡能勢町《とよのぐんのせちょう》。北摂山系の一つ、歌垣山《うたがきやま》は、文字通り〝歌垣〟が行われた双耳峰。それぞれのいただきは男山、女山と呼ばれ、万葉集が編まれた頃の山の有り様《よう》を蘇らせることを望むように、二つのピークを晒しています。

山の麓に鎮座するのは、倉垣天満宮《くらがきてんまんぐう》。天喜二年（一〇五四）、領主・源頼基が京都・北野天満宮より分霊を迎え、歌垣山の頂上に祀ったことを始まりとする「能勢の天神さん」は、天正一二年(一五八四)、現在地に遷座されました。もちろん、祭神は菅原道真公です。眠るように静かな社《やしろ》には、樹齢四百年を越える銀杏《いちょう》の大木が根を張ります。奔放に枝を伸ばすこの銀杏は、雄株と雌株が融け合ったかのような艶《なま》めかしい形状で、雌雄の木霊《こだま》が結びつき、天に向けて悦《よろこび》楽の声をあげる交わりの巨樹のように思えるのです。

男と女が心と肉体《からだ》を解き放った地に、いかにも生真面目な学問の神様。どう考えても不釣合に思える二つが寄り添う深山の里に、「秋鹿」醸造元・秋鹿酒造はあります。庄屋の家系に生まれた奥鹿之助が、酒造免許を持って分家、明治一九年(一八八六)に創業しました。実りのときを迎える〝秋〟に、鹿之助の〝鹿〟で「秋鹿」。社名と酒銘には、風土と蔵元の歴史が滲みます。現在の蔵元は、六代目・奥裕明氏。

標高二五〇メートルに位置する能勢の気温は、夏は大阪市内より五、六度下回り、冬は氷点下まで冷え込むことがあります。いくつもの峠と、折り重なる棚田。麦わら帽子を目深にかぶった案山子《かかし》は、目の前の田を荒らされてなるものかと、目を大きく見開き、両腕を広げ、大地にすっくと立ち続けます。「秋鹿」の里は、美しい鄙《ひな》の里。ここには、その明媚な風土をまるごと取りこむ酒造りがあります。

昭和六〇年(一九八五)、この蔵では自営田で蔵元自

大阪府の最北端、朝晩の寒暖差が激しい能勢町に佇む蔵

ら、山田錦の栽培を始めます。平成二年（一九九〇）には地元農家の契約栽培もスタートさせます。そして食糧管理法が廃止され、平成七年（一九九五）新たに制定された食糧法のもと米の直接販売が可能になったことを受け、契約栽培農家が一気に増加したのでした。こうして本格的に酒米作りを取り組み始めた秋鹿酒造の酒造りは、フランス・ボルドー地方で確立されていたシャトーシステムによく似たスタイルをとることになり、注目を集めます。シャトーシステムとは、自分の葡萄畑で栽培した葡萄のみを使用し、自分の醸造所でワインを造り、自分のところで貯蔵し、瓶詰めをするという、ボルドー特有の制度のことで、厳しい競争とともに育まれてきたボルドーのワイン文化を守り高めるとともに、消費者の信頼を得る重要な役割を果たしています。

　醸造・貯蔵だけではなく、原料から手がけることによって、こだわりの幅を増やすことができます。酒質に大きな影響を与える米だからこそ、自分たちの手で作りたい――ここに、米作りから酒造りまで、秋鹿酒造の〝一貫造り〟というメソッドが誕生するのです。めざすは全量自家栽培米の純米シャトー。蔵元主導による酒米作りは、有機循環型農法による無農薬栽培を実践、肥料は、籾《もみ》、米ぬか、酒粕《さけかす》としました。ここで生まれたものをもう一度土に返し、新たな生命の糧《かて》としたのです。農薬や化学肥料を使わないことは、自然環境の保全につながります。酒を造り続けるために、守り、伝えなければならないものは、蔵家屋や技術だけではありません。土や水、行き交う空気、そこに根づいた文化までもが、その対象となるのです。なぜなら酒は、それらすべてを吸った米からできているから。秋鹿の特徴をひとつだけ挙げるとしたら、それは〝際立つ酸〟です。この酸は、シャープであった

「山田錦」を無農薬栽培する自営田

り、ジュワッと染み出てきたり、グイッとワイルドだったり、種類ごとに異なる表情を見せますが、なかでも、木桶で、生酛《きもと》で仕込まれた「朴《ぼく》」のそれには、誘い込むような乳酸のやわらかさがあり、心を引き留められるのです。

発酵過程で蓄積された酸を、木桶で熟成させることによって、豊かなコクに変えた「朴」。対応温度帯の広さも、様々な楽しみを与えてくれる要素のひとつです。花冷えではほっそりと、涼冷えではエッジを立て、そして人肌ほどに燗《かん》をつければ、とろけるような乳酸が木香《きが》をまとった瞬間をとらえることができるのです。「朴」の酸には、静脈を波打たせるような色気がある——それは、木桶という道具がもたらしたものなのか、それとも、歌垣山から聞こえてくる古《いにしえ》の愛の歌や、大きな銀杏の樹があげる悦楽の声のせいなのか……。

酒徒たちは、答えを探そうとしません。代わりに、麦わら帽子をかぶった案山子の顔や、靄がかかる能勢の冬の朝を思い出して、この地での米作りが、酒造りが、ずっとずっと続きますようにと、祈るのでした。

袋吊り。醪（もろみ）を入れた酒袋から、ゆっくり自然に滴らせる

秋鹿酒造有限会社

主要銘柄「秋鹿」

住　所：大阪府豊能郡能勢町倉垣 1007
電　話：072-737-0013
アクセス：能勢電鉄 妙見口駅から阪急バス約20分 歌垣山登山口停下車 徒歩約5分
ＵＲＬ：なし

過去へのオマージュ

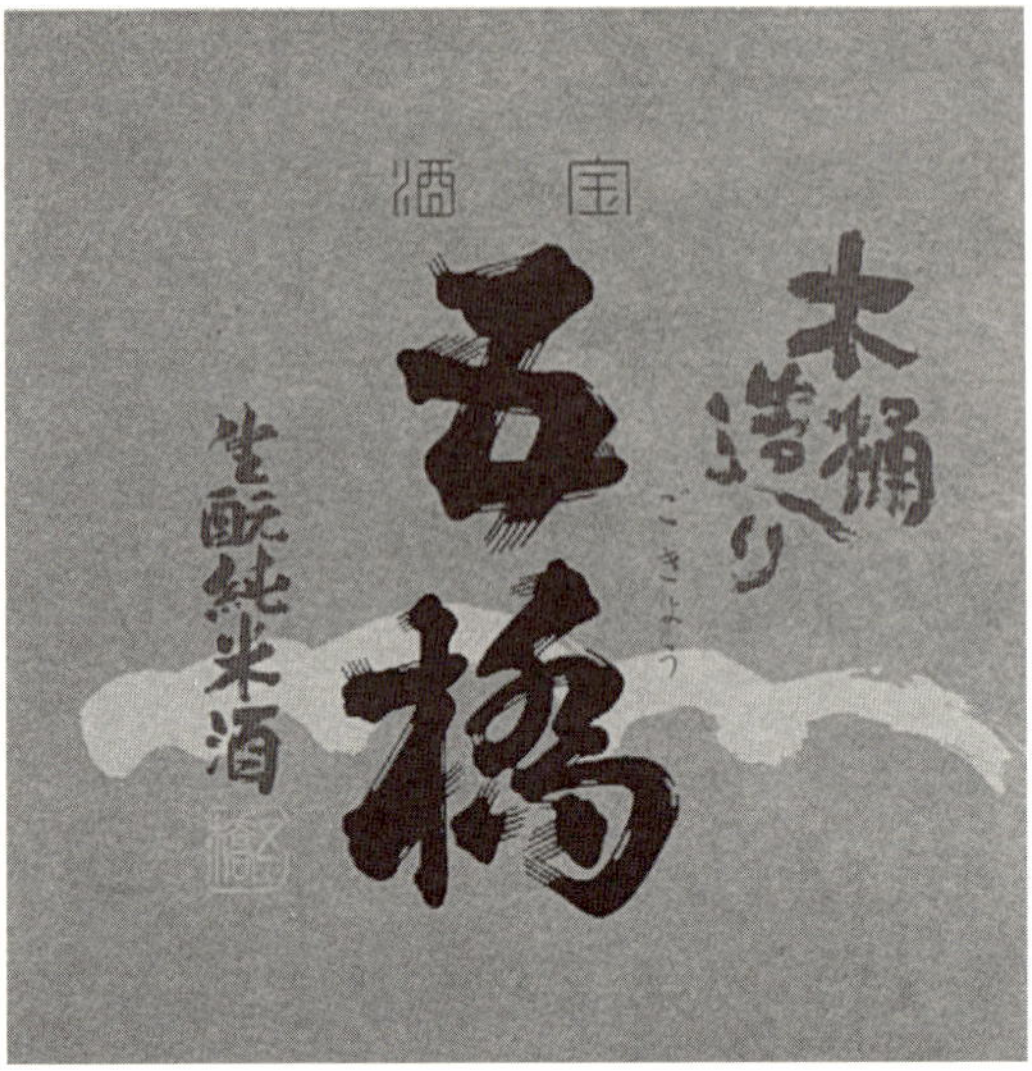

酒井酒造《さかいしゅぞう》「五橋《ごきょう》　純米酒《じゅんまいしゅ》　木桶造《きおけづく》り」

緑深い山を背に町の中央に横たわる清流・錦川、吉川《きっかわ》家が治めた城下町、米軍基地、海近くに広がる工場群。岩国《いわくに》は、情緒と現実を行ったり来たりさせる町。

錦川にかかる五連の反り橋は裏側の橋桁までも美しく、この、どの方向から見ても完璧なプロポーションを横山の天守は満足げに見下ろします。季節の色のなかで、優美な曲線を誇らしげに晒す橋は、つんと白い雪をまとった冬、心を射るような美しさを放ち、誰であっても自分を忘れることを許さないと言わんばかりに、厳しい景観を作り上げます。この橋は、いつの頃からか錦帯橋《きんたいきょう》とい

う美名を持つようになります。
山口県岩国市中津町《なかづまち》。「五橋《ごきょう》」醸造元・酒井酒造は、明治四年（一八七二）、錦川がまさに瀬戸内海へ流れ込まんとする河口の三角州に創業します。戦後、この蔵のそばには埋立地が無機質な土地を拡げ、上空には、すぐそばの飛行場から飛び立つ航空機が行き交うようになりました。自然と産業、文化と戦争の爪痕をあわせ持ったこの町で、酒井酒造はつねに、心に雅を込めて酒造りに挑んできました。軟水での仕込みを最大限に生かしたやわらかな酒質には定評があり、また、シャンパン方式といわれる、瓶内二次発酵による発泡性を持たせた純米酒にも早くから挑み、成功をおさめています。近年、ちょっと面白かったのは、昆虫から清酒酵母を分離できないか試みたこと。

この本に登場する酒蔵のなかでは、酒井酒造はかなりの大手。立派な機械もたくさん導入されていて、それらが、人の手によって継承されてきた技術と融合することによって、日本酒の可能性を次々と掘り起こします。

そんな先進的なこの蔵に、大きな、大きな二〇石の木桶があります。そして、その中には、合理化や近代化とは縁のない世界観があるのです。

「安定して美味しいお酒が造れるようになった。だけど、何かが違うんじゃないかと、ぼんやりとした疑問が先代・佑《たすく》の頭の中に渦巻き始めたのです」と、六代目蔵元・酒井秀希氏は語ります。そしてある日、その疑問の答えを木桶に求めたのでした。とはいえ、リスクが高いといわれる木桶仕込みに取り組むにあたり、いきなり新桶を作るわけにもいかず、綺麗に削り直した中古の桶を購入し、試験的に造り始

工場群も並ぶ岩国市中津町に、先端設備とともに木桶を備えた酒造場がある

木桶仕込みの醪に麴米（こうじまい）を投入。
麴米には山口県産山田錦を使う

めたそうです。

平成二七年（二〇一五）現在、地元岩国の杉で作った木桶が一本、吉野杉で作った木桶が二本と、圧巻の二〇石桶が三本も並ぶ酒井酒造の木桶仕込みも、始まりは、たった一本の中古の桶。大きさは六石でした（一石は約一八〇リットル）。

ホウロウやステンレスのタンクと違って、醪《もろみ》の温度が上がりやすい木桶での仕込みは、細心の注意が必要です。醪を育てるうえで重要な温度管理が難しいのは、やはりデメリットと考えるのが常ですが、この蔵では前向きにとらえます。「難しい木桶で満足のいく酒を造れるようになれば、温度管理が容易な金属のタンクで仕込むことはさほど難しくなくなるはず。木桶を使ったことは、製造社員のスキルアップにつながったのではないでしょうか」。

そんなこの蔵の、「五橋　純米酒　木桶造り」は、伝統的に使われてきた酒造容器で醸す酒に、今風の趣はいらない、しっかりとした酸と、どっしりとした力強さを与えたい、という理由から生酛《きもと》仕込みを採用しました。「プロ野球は木製バットを使い、アマチュア野球では金属製バットを使う。アマチュアが、木製バットで打球を思うように飛ばせないというのは、なんとなく、木桶と金属製タンクの違いに似ているように思います。木桶仕込みの酒は、米を磨いて造るのではなく、技を磨いて造るお酒。道具が木だからどうというのではなく、金属タンクのときとは別の技術を駆使していることが、特徴として現れるといいな」。

木桶で育った「五橋」の香味は、ドクドクと波打つようなボディのなかに複雑に絡み合った五味を隠し、隠されたひとつひとつの旨味を、時間をかけてゆっくりと確かめたくなるような奥深さを持っています。木という道具を覚《さと》らせる木香《きが》を前面に押し出すようなことはしていないのに、それは、間違いなく木肌の鼓動が育てたもののように思うのです。

完璧な空調、コンピューター制御の醪管理、マイナス五度の氷温貯蔵タンクの導入……。これだけの設備を持つ酒蔵が、木というクラシカルな道具を選択する事実。そこには、進化を享受したからこそ廻り帰る、過去へのオマージュがあるのでしょう。

日本の酒造りは、室町の頃からおおむね変わらない製造工程です。でも、糖化と発酵を同時に行うという、世界に類を見ない並行複発酵の醸造法は、確かな体系づけを得て、さらなる複雑化と適応の高度化を遂げてきたのです。

二一世紀の今、なぜ木桶？　その明確な答えを、私はついに見いだせずにいます。ただ、木という道具は、変革をもたらすクラシックだということだけは、確認したような気がするのでした。

最初に新造した木桶は、地元岩国・錦川上流の杉を伐り出して作った

酒井酒造株式会社

主要銘柄「五橋」

住　所：山口県岩国市中津町 1-1-31
電　話：0827-21-2177
アクセス：JR 岩国駅から車で約 10 分
U R L：http://www.gokyo-sake.co.jp/

コラム

木という道具

私はこれまで、ずいぶんたくさんの方を酒蔵にご案内して参りました。酒造期の冬はうっとりするような醪《もろみ》の香りに、オフシーズンの夏は静けさのなかに漂うひんやりとした空気に胸をときめかせる彼ら彼女らが、明らかにがっかりした表情を浮かべるのは、ホウロウやステンレスのタンクを目にした時。「えっ？木桶じゃないの？」「意外と近代的なんだ」と裏切られたように言葉にする人もいます。「酒造りの道具は木」と、思っている方がそれだけ多いのだと感じる瞬間です。

長い間酒造りを続けてきた蔵家屋には、「蔵付き酵母」「家付き酵母」と呼ばれる酒造りに有用な「良い菌」が棲みついています。ところが、酒蔵の中は決して良い菌だけが棲んでいるわけではないのです。もしも、「悪い菌」とみなされるものが醪の中に侵入し、それらが優勢になると、「腐造※」を起こし、お酒として世に出ることはできなくなってしまいます。木の道具には継ぎ目があります。この継ぎ目に、万が一雑菌が入り込めば、素材の特性上、雑菌は浸透し、棲みつき、酒蔵にとっては長きにわたる災いとなるのです。木製の道具は、ひとつ間違えれば雑菌の棲みかとなってしまいます。このような問題から、木桶は不衛生だととらえられ、今日のホウロウやステンレスの酒造タンクの誕生と普及、定着を後押しすることになりました。また、木桶に貯蔵しておくと、酒は自然と目減りしてしまうことを国税局が問題視していたことも、ホウロウやステンレスへのシフトチェンジを加速させたといわれています。

暖気樽《だきだる》※や湯ダメ※、櫂棒《かいぼう》※など、現在ではたくさんの酒造用具がその素材を変えています、麻や綿ではなく化繊の酒袋※を採用しているところもあります。プラスティックやアルミ、樹脂、化学繊維は、道具の手入れにかかる手間ひまをずいぶん軽減してくれました。

そんななか、「木」の良さをもう一度考え、見直し、木桶仕込みを復活させている酒蔵があります。金属製のタンクに比べ、手入れも保管も難しい木桶には、それだけが育める香味があると認められていますが、「どんな味になるかわからない」という意見もあるほど、微生物の作用の計算がしにくい、リスクの高い仕込みとなるのです。

どこかの酒蔵でホウロウタンクを見てもがっかりしないでください。そして、どこかの酒蔵で木桶を見たら、「めったに見られない日本を見た」、そう思って下さい。

※腐造…醪を腐らせること。
※暖気樽…中に熱湯を入れ、酒母を外周の熱で温める道具。
※湯ダメ…水を運ぶ道具。肩にのせて運ぶ。
※櫂棒…醪を攪拌《かくはん》する道具。
※酒袋…醪を詰める布製の袋。

第2章

生《き》酛《もと》仕込み

酛《もと》すり唄、心で唄って
身体で聴け

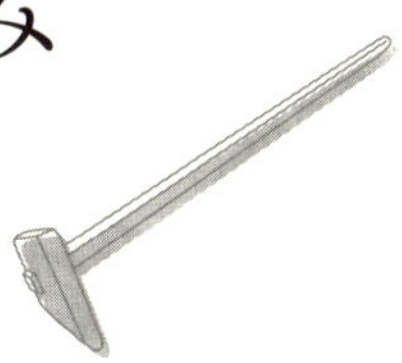

とろりとろりと今する酛は
酒に造りて江戸へ出す——
冬の夜更け、酒蔵から漏れ聞こえる酛すり唄。
命を捧げるように米と麹をすりつぶす蔵人たちの
魂の唄は、米という偉大な穀物に促す
発酵の道しるべとなります。

幸せをくれる蔵

森喜酒造場《もりきしゅぞうじょう》「英《はなぶさ》」

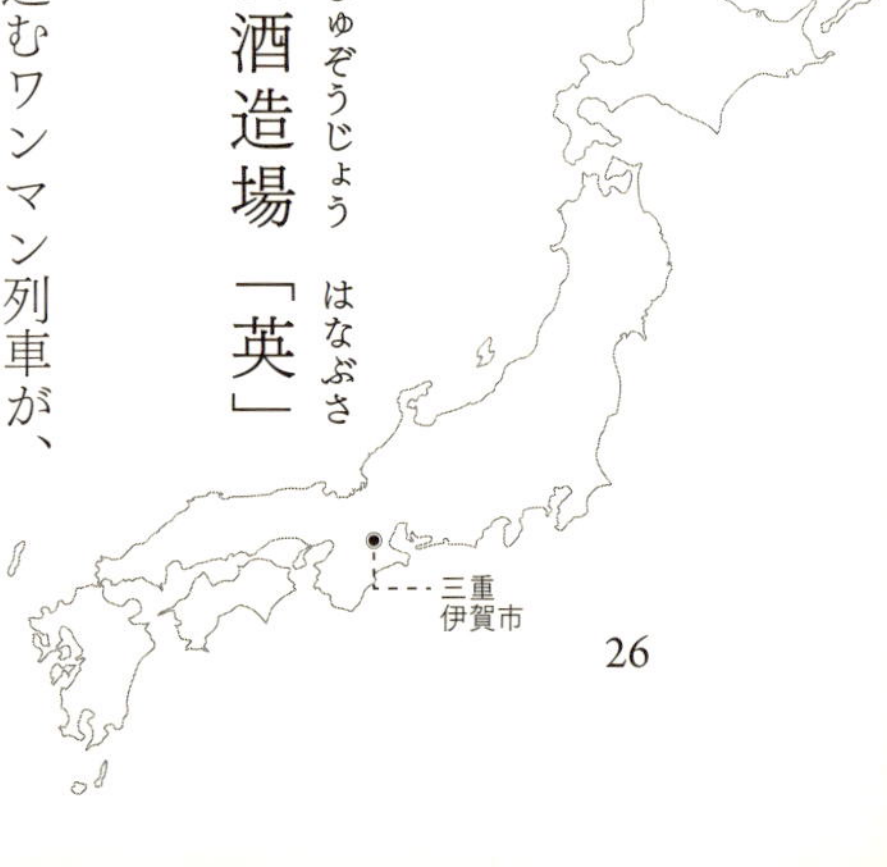

ガタガタと音をたてて進むワンマン列車が、その短い車両には不釣り合いな長いホームに停車します。ＪＲ関西本線佐那具《さなぐ》駅。かつて貨物列車が停車した歩廊に人影はなく、座ってくれる人をじっと待っているかのような古いベンチがあるだけ。静まり返った駅を出て、柘植川《つげがわ》、国道と越えていくと、目の前に広がる田。穀倉地帯らしい平らで広々とした風景のなか、森喜酒造場は佇《たたず》みます。

明治二六年（一八九三）の創業以来、伊賀盆地の北東部、三重県伊賀市千歳《せんざい》に根を張ってきました。醸すは、「妙《たえ》の華《はな》」「るみ子の酒」そして「英《はなぶさ》」。主要銘柄「妙の華」は、初代蔵元・森喜啓一郎が、ある僧侶に井戸を掘り当ててもらったことから仏への信仰を深め、妙法蓮華経にちなんで付けたという酒銘です。

この酒蔵の跡取り娘として生まれたのが、森喜るみ子氏。米を育て、酒を仕込み、三人の子どもを育て上げたスーパーウーマンは、酒造業にまだ女性の姿が見られなかった頃からずっと、酒蔵に棲みます。そして、この女性酒造家のパイオニアとともに、四代目蔵元として、杜氏として、森喜酒造場を支えるのが、彼女の夫・森喜英樹氏です。

食品会社と製薬会社にそれぞれ勤めていた二人が揃って入蔵したのは、昭和六三年（一九八八）。るみ子氏の父・三代目蔵元の急病を受けてのことでした。

当時日本は、泡沫《ほうまつ》の景気の真っ只中。フレンチ、イタリアン、高級ワイン——横文字が飛び交う食に目を奪われた人々は、日本酒を顧みなくなっていました。しかも醸造用アルコールや糖類を添加した日本酒は、香味のうえでも興味の対象外に……。そんななか大手酒造会社に桶売りをすることによって存続してきた小さな酒蔵は、次々と契約を打ち切られ、追い詰められていくのです。森喜酒造場も、例外ではありませんでした。

「両親は廃業するつもりでおりましたので、私が家業を継ぐことを望んではいませんでした。酒好きの私のゴリ押しで、酒蔵を継続させたようなものです」。時流の波に乗れず、没落も覚悟しなければならなかった酒造業に身を投じたるみ子氏。妻と同

廃業の危機を乗り越え、挑戦を続けてきた森喜るみ子氏

じ夢を背負うことを躊躇しなかった英樹氏。しかし経営は上手くいかず、並行して営んでいた酒販業でビールやウイスキーが出す利益に頼るばかりでした。

「もうあかん」。酒を造り続けることにくじけそうになった平成三年（一九九一）、るみ子氏は漫画『夏子の酒』（尾瀬あきら作）に出会います。そこには、自分と同じ誓いを立て、酒蔵に生きる女性の物語が描かれていました。さめやらぬ感動を手紙にしたため、作者の尾瀬あきら氏へ。夏子がくれた勇気に背中を押され、森喜酒造場の巻き返しが始まります。めざすは純米酒。米と水をいかにして酒に育てるか、次々と出される微生物からの問題に直面する日々。そんなある日、手紙を受け取った尾瀬あきら氏が、森喜酒造場へ現れたのです。尾瀬氏は、〝もう一人の夏子〟のために、ラベルのイラストを描き、新たに生まれた純米酒に「るみ子の酒」と名付けたのでした。

醪をしぼる槽搾り。槽は長年永田式を使う

夫婦の挑戦はまだまだ続きます。思う酒質を実現させるため、次に始めたことは、無農薬での米作りです。稲も育つが雑草も育つ自然のなかで、二人の手は粘り強く雑草を引き、米を育てます。酒米の品種や精白歩合によって適性をあてがい、生酛《きもと》、山廃酛《やまはいもと》、速醸酛《そくじょうもと》……酛《もと》の違いによる香味の差を見極めたい――背負った夢はどんどんふくらんでいきます。

酛の個性を醸し分けるこの蔵の酒は、あるものは芯が強く、あるものは素朴な厚みに富み、あるも

伊賀盆地北東部の田で理想の酒質をめざし、無農薬で米作りを行う

のは有機酸の持つ美しさを放ちます。どの酒にも共通していることは、コチコチに固まって疲れた心を、しっかり抱きしめてくれるような強さと優しさ。ふと気づけば、笑顔になっている酒です。

「自分が美味しいと思える純米酒をめざしてからは、この仕事も努力すれば少しずつ報われると感じるようになりました。おかんは鉄砲玉で、導火線が短いほうなので、こちらがブレーキ役をすることもありますが、共通の目的を持ってやってます」と英樹氏が言えば、「お父さんは価値観が近いだけでなく私の人格を尊重してくれる、一緒にいて心地よい人。それと意識が私より家庭的」とるみ子氏。二人が、平成一二年（二〇〇〇）醸造年度から無農薬・減肥料の山田錦で造る純米酒は、英樹氏の名から一文字とって「英」と名付けられました。

立ち並ぶタンク、低くうなるモーター、作業の手を休めない蔵人たち――ここは間違いなく酒蔵なのに、家族が並んでご飯を作る台所のように思えます。それはやっぱり、お父さんとおかん、二人がいるから。槽口《ふなくち》からピチャピチャと滴《したた》り落ちる生まれたての酒の音、蔵人たちの笑顔、マジックで「おかん」と書かれたるみ子氏の長靴――ここで目にするものは、どこか優しさに包まれています。ここ伊賀には、幸せをくれる酒蔵があります。

合名会社 森喜酒造場

主要銘柄「妙の華」

住　所：三重県伊賀市千歳 41-2
電　話：0595-23-3040
アクセス：JR 佐那具駅から徒歩約 20 分
U R L：http://homepage3.nifty.com/moriki/

有機のしるし

泉橋酒造《いずみばししゅぞう》「黒トンボ《くろとんぼ》」

穀倉地帯である海老名耕地《えびなごうち》。豊かな圃場《ほじょう》で作物が波打つように揺れるすぐ上を、風に流されまいと懸命に、でもどこか楽しげに進むトンボが飛び交います。

安政四年（一八五七）、神奈川県海老名市下今泉《しもいまいずみ》に泉橋酒造は創業します。海老名耕地の北側を流れる泉川から「泉」、屋号の橋場から「橋」をとって、社名は泉橋酒造としました。

この蔵の酒のラベルには可愛らしいヤゴとトンボが躍ります。田んぼで生まれ、田んぼで育つヤゴとトンボは、農薬を撒《ま》くといなくなります。このことから、泉橋酒造では、ヤゴとトンボを有機

のしるしとしているのです。これは、ヨーロッパのシャトーが、農薬を撒くといなくなるカタツムリを有機のしるしとしていることと似ています。コンセプトをわかりやすくヴィジュアライズする、それは、農業副産物を造り、販売するうえで、とても大切なことです。

ラベルの中心でつぶらな目を光らせる、トンボとヤゴ。季節によって、アイテムによって様々に色分けされ、飲む以外の楽しみも与えてくれる、ジャケ買いに損なしのシリーズのなかでも、「黒トンボ」には、最後まで犯人がわからないサスペンスのようにスリリングな香味を感じます。生酛《きもと》で仕込まれた「黒トンボ」は、骨格はしっかりしているのに、一本一本の骨は細く、ひとくねりした酸を想像していたらこれが意外とスレンダー。それはまるで、トラックバックとズームインを駆使したヒッチコックショットのようです。微生物たちのしかけた罠に味蕾《みらい》はまんまと捕らえられ、杯を重ねてしまいます。

麹米（こうじまい）の洗米。三人同時に「せーの」で開始。米がなるべく水を吸わないよう秒単位で時間を計って行う

潤沢な米と丹沢山系の伏流水という二つの恵みを生かした酒造りは、この蔵に、米作りから酒造りまでトータルして実践していく「栽培醸造蔵」を名乗らせるようになったのでした。酒造りは米作りから始まります。この当たり前のことをどこまで当たり前にとらえずに取り組むかで、酒が単なるアルコールとなるか、農業副産物のなかの芸術品として光を放つかを分かつことになるのかもしれません。

赤トンボをシンボルマークに掲げるこの蔵は、地元の酒米生

米麹をすりつぶす酛すり。2、3人一組で息を合わせ

産者やＪＡ、神奈川県農業技術センターと協力し合い、「相模《さがみ》酒米研究会」という酒米栽培の研究・勉強会を組織しています。安全で安心できる酒を醸すために、減農薬栽培や無農薬栽培にも取り組んでいるのです。その試みは、田んぼに苗が植えられるもっと前の段階から始まります。

たとえば、種子の消毒方法。稲の種籾《たねもみ》は、病気の原因となるカビや細菌に汚染されていることがあるので、種まきの前に種子を消毒する必要があるのですが、この際、一般的に採用されている化学農薬による方法ではなく、お湯を使った温湯《おんとう》種子《しゅし》消毒《しょうどく》を実施しています。また、低肥料での栽培で、虫や病気を寄せつけず健康的な発育を促すことができます。

泉橋酒造の取り組みは、稲を刈り取ったあとも続きます。冬の試みは動植物を豊かにしていくための「冬期湛水《とうきたんすい》」です。これは、農薬も肥料も使わずに多収穫の稲を作ることに成功した岩澤信夫氏によって推奨された「不耕起栽培」がもとになっていると考えられ、冬場も田んぼに水を張ることによって、微生物はもちろん、イトミミズや魚類などの生育が可能となり、さらにそれを捕食する雁《がん》や鴨などの鳥類まで渡来するようになるといいます。今の日本に、冬場も水を張れる田んぼはそう多くはないといわれています。水利権が複雑で、容易に水を引けないからです。神奈川県や水利組合、海老名市の協力を得てのチャレンジとなりました。

納得のいく酒を造るために、自分たちの手で納得のいく米を作ろうとする酒蔵は、全国に少なからずあります。蔵元自ら米を作ることが、必ずしも完全な酒を生み出すわけでもありません。しかし、このあくなき努力と探究心が、泉橋酒造の酒質を高めていることは事実なのです。

関東地方でよく見られる赤トンボ。田んぼで生まれ、田んぼで育つ赤トンボを、秋空いっぱいに飛ばしたい。童謡にも歌われた懐かしい日本の田園風景を取り戻すため、農薬を減らし、作物にも生物にも優しい田んぼをめざす——。

懸命に前へ進むトンボと、これまた懸命に、地域みんなで知恵と力を出し合い前へ進む酒蔵は似ています。前にしか進まないことから縁起の良い生物とされ、戦国武将の兜《かぶと》の前立てにあしらわれることもあったトンボ。

前へ、前へと歩を進める海老名耕地の酒蔵は、米作り、酒造り、味噌造りと年がら年中大忙し。でも、そんなことはちっとも苦になりません。米も、酒も、味噌も、それを造ることで、土地を守り、在来種を守り、技術を守ることになるのです。そう、この蔵は、未来に向けてずっと安心を造り続けているのです。

10月下旬、穂を垂れる山田錦。泉橋酒造のシンボルマーク・赤トンボが育つのは、田が豊かな証し

泉橋酒造株式会社

主要銘柄「いづみ橋」

住　所：神奈川県海老名市下今泉 5-5-1
電　話：046-231-1338
アクセス：小田急電鉄・相模電鉄・JR 海老名駅から徒歩約 20 分
U R L：http://izumibashi.com/

喜びを閉じ込める

旭日酒造《あさひしゅぞう》「生酛純米《きもとじゅんまい》✸旭日《じゅうじあさひ》」

沸き立つような雲の隙間から、神々の視線を感じる島根県出雲《いずも》市《し》今市町《いまいちちょう》。町には貞享四年（一六八七）に開削された疎水・高瀬川が流れ、古い商家と水面に枝垂《しだ》れる柳が寄り添います。あたりに住まう人が柄の長い柄杓《ひしゃく》で川の水を汲み、打ち水をしたりする様子は何とも風流で、天地を敬う丁寧さを感じさせます。

新しい店舗が愛想よく建ち並ぶ街中の商店街に、造り酒屋の店先が奥ゆかしい腰の低さを見せます。ここは全国でも類を見ない、夫婦杜氏の酒蔵、「✸《じゅうじ》旭日《あさひ》」醸造元・旭日酒造。佐藤家六代目当主・佐藤嘉兵衛《かへえ》氏が、明治二

年（一八六九）に創業しました。創業時「白雪」としていた酒銘は、明治四〇年（一九〇七）に「✸旭日」と改銘されます。これは、大正天皇（当時は皇太子）の侍従長・木戸孝正公より「天下一の美酒なり」という称賛とともに受けた揮毫《きごう》「旭日」と、七代目・文造氏が厚く信仰していた能勢妙見山の紋章、矢筈《やはず》十字紋を組み合わせたもの。地元では、「旭日」と呼ばれ、親しまれてきました。

また、平成二五年（二〇一三）一〇月より、古川酒造（出雲市大社町）の廃業にともない、同酒造より「大切に守ってほしい」と託された、出雲大社の御神酒《おみき》である「八千矛《やちほこ》」を引き継いだため、この、神の名を持つ酒も、旭日酒造が醸すところとなりました。

「うちの生酛《きもと》は、キラキラ輝く、やわらかで繊細な泡を立てながら育っていくんです」。語り手は、この蔵の長女として生まれ、副杜氏の任に就く寺田栄里子氏。

「酒造りに関わるようになったのは平成一三年（二〇〇一）。以来、うちの熟成酒が放つ個性はどこからくるのかと不思議に思っていました。もしかしたら、蔵に棲みついた正体不明の微生物がお酒に忍び込んでいるのかも……。そう思い出した頃、生酛《きもと》で、酵母無添加で造れば、何か答えが得られるかもしれないとひらめいたんです。反対する周囲を三年がかりで説得して、生酛仕込みに取り組み始めました」。たとえ蔵の娘であっても、長年指揮をとる杜氏のもとで勝手は許されません。ひらめきや思いつきが即座に採用されることは、どの蔵でも滅多にないのです。辛抱強く説得を続け、ようやく生酛にチャレンジできたのは、平成二〇年（二〇〇八）醸造年度のことでした。

外壁は塗り替えられてまだ数年。
白い壁がまぶしい旭日酒蔵

酛すり。蒸米と麹米を櫂（かい）で丁寧にすりつぶす

「自由で元気な発酵を見守って、微生物の持つ自然な力を抑え込まないように」して、醸したという「生酛純米✱旭日」。その香味は、複雑な米の旨味をしっかりとした酸が引き締め、鼻腔をくすぐる含み香が、駆け引きを持ちかけるように心の端を引っ張ります。やわらかさ、上品さ、味の太さなど、狙いを定めて醸し分ける速醸と違って、居着き（蔵付き）の微生物の潜在能力を生かした酵母無添加の生酛仕込みは、蔵そのものを醸します。

「微生物が主役だということを忘れず、彼らにとって心地よい環境を整える気持ちで仕事をしています。手でしっかり触れ、声をかけるようなつもりで見守ることも大切」。五感でその息吹をとらえ、反応できる造り手になりたいという栄里子氏。

一方、平成一五年（二〇〇三）、大手企業を退職し、出雲で酒造りに従事することを決めた幸一氏は、当時を振り返ります。「ここで酒を造り続けると決めるまでは、迷いも不安もありました。直接のきっかけは栄里子との結婚でしたが、消費が低迷している酒造業だからこそ、頑張れば頑張るほど結果が見えるのではないかと、やりがいを感じたことも事実です」。

そして、「二人で助け合い、補い合っていくように」との一〇代目当主・佐藤誠一氏の願いを受け、平成二二年（二〇一〇）、夫婦で杜氏に就任しました。酒造り、蔵人たちとの連帯、いろんなことを日々真剣に考えるからこそ、小さな喧嘩は絶えないという二人。暮らしも仕事も一緒に進むから、喜びだけでなく怒りまでもが同じタイミングで沸き上がります。ぶつかったり、苛立ったりすることもあるけれど、何があっても逃げずにいる――そうすれば必ず理解し合える、喧嘩はもっと仲良くなるために、前に進むためにしているのだからと言い聞かせながら。

八月一五日、高瀬川に先祖《さきつおや》の御霊《みたま》を弔う灯籠《とうろう》が流されます。橋に飾られた竿灯《かんとう》と、次々と押し寄せる灯籠の黄色い光が川面にゆらめき、今を生きる人々の心に、短い夏の残像を置いていくのです。灯籠が行ってしまったら、秋はもうすぐ。夫婦で蔵にこもる日が近づいてきます。

「栄里子は〝鬼神〟です。酒造りに対する情熱と意欲がとんでもなくスゴイ！　自分が今、日本の酒造りは世界に誇れる素晴らしいものだと実感できているのは、栄里子のそういう姿勢を、すぐそばで見てきたからかもしれません」。

左から、寺田栄里子副杜氏、幸一杜氏。全国でも珍しい夫婦杜氏

人の耳目では接しえない、ミクロの息吹を感じとれる妻は副杜氏。そんな妻を、決してくじけない、真っ直ぐな心で支え続ける夫は杜氏。微生物の顔も、声も、ずっと二人で見聞きします。そうして、ひと冬、またひと冬と、酒を生む喜びを積み重ねていくのです。

ここには、微生物の数だけ生まれる喜びがあります。出雲には、喜びを酒に閉じ込める夫婦杜氏がいます。

旭日酒造有限会社

主要銘柄「✱旭日」

住　所：島根県出雲市今市町 662
電　話：0853-21-0039
アクセス：JR 出雲市駅・一畑電車 電鉄出雲市駅から徒歩約 10 分
U R L：http://www.jujiasahi.co.jp/

旨味が乗って落ち着いてきたら

田治米合名会社《たじめごうめいがいしゃ》「竹泉《ちくせん》 純米吟醸《じゅんまいぎんじょう》 幸の鳥《こうのとり》 生酛《きもと》」

田畑の間を縫って走る列車は、山、川、田畑、もう随分と同じ景色を繰り返しています。山陰本線・梁瀬《やなせ》駅、二駅先の竹田は近頃天空の城（竹田城跡）が人気を集めていますが、ここで降りる人は滅多にいません。駅名は「梁瀬」なのに、町名表記は「矢名瀬」。誰もいない駅舎を出て田畑の間を歩く時間、特に何も考えず、ただ両手両足を前後するこの時間はけっこう幸せ。この町には、特に何があるわけでもなく、しいてあると申告するなら、そう、それは酒蔵なのです。

創業元禄一五年（一七〇二）、田治米《たじめ》合名会社。泉州和泉国《せんしゅういずみのくに》より、酒造りに適した水を求めて但馬《たじま》の地にやってきたことが始まりという田治米家。円山川《まるやまがわ》の上流、竹の川の伏流水を仕込み水に用いたことから「竹」を、先祖出身の地である泉州和泉国

ありません。

より「泉」をとり、酒銘は「竹泉《ちくせん》」としました。屋号は和泉屋。しかし、もう屋号で呼ばれることは

森は冬に降る雪や雨を蓄え、水を育みます。このやや軟水が、この蔵の酒の味わいをつくる要素のひとつとなるのです。

ゆったりとした敷地内に、いくつかの棟が連なった蔵家屋が建ちます。明治、大正、昭和、それぞれの時代に建てられた蔵を移築して繋ぎ合わせたこの蔵は、数十人も入れる会所場や、間仕切りをしていくつも作った蔵人たちの寝所など、今は使われていない部屋の数々が、酒造業華やかなりし頃を偲《しの》ばせるのです。

いくつかの階段を昇り降りして、ほんの二、三回曲がっただけなのに、もと居た場所に戻れなくなる、迷宮といってしまうと大袈裟ですが、複数の家屋を連結させたゆえにできた段差や回廊は、慣れない者を迷わせるに十分です。

熟成によって完成させた内から滲み出るようなふくらみのある旨味、「竹泉」の酒質はどっしりと安定感があります。

この蔵は、平成二四年（二〇一二）より、すべての酒に醸造用アルコールの添加を行わない純米蔵となることを決断しました。ほとんどが地元流通だったため、相当な覚悟が必要だったと、一九代目蔵元・田治米博貴《ひろたか》氏は言います。

都会では純米酒がもてはやされ、純米酒に指名が集まりますが、

酒銘「竹泉」は伏流水を仕込み水とする“竹の川”と、初代の出身地・泉州から一文字ずつとった名

じつは、多くの酒蔵の地元流通銘柄は普通酒。醸造用アルコールも、醸造用糖類も添加されるものです。長いあいだ普通酒を愛飲してくれた地元のユーザーは、ほとんどの場合、純米酒を飲むと「違う」と言います。「これは長年飲んできた○○酒造の酒ではない」と。人にはそれぞれ育った味があり、それが体にインプットされています。ある日突然「純米蔵になりました」と言われても、「おいおい、それじゃ俺たちは何を飲めばいいんだ」となるわけです。

しかも、地方の酒蔵は地元消費に支えられ今日があるのですから、蔵元の理想だけで「アル添《てん》」をやらないというのは、ちょっぴり恩知らずな気にもなります。そんな背景のもと、各蔵元は、何をやるにしても落し物がないか後ろを振り返りながら、きちんとした対応法を見つけて、方向性を打ち出すのです。

「古きものと新しきものの融合、それはとても大切なことで、そこにはそれぞれ、手造りであるがゆえの想いがある。これからの竹泉は、そういったことが潤滑にいって生まれていくのだと思います。米を作る人、酒を造る人、ラベルを貼る人、そして飲んでくれる人。誰もが笑顔で繋がるような、そんな酒を造りたいです」。

この蔵の片隅で、今、静かな眠りを与えられている生酛《きもと》仕込みの純米酒があります。

「もともとあったコウノトリ米のお酒を、創業当初に帰り、生酛仕込みにしました」

但馬地方では、自然農法に「コウノトリ育む農法」と名付け、米を育てると同時に様々な生物をも

山々が蓄える雪解け水、大きな寒暖差……朝来市の自然が酒を育む。蔵には各時代の建物が連なる

育て、コウノトリが安心して住める環境作りに取り組んでいます。堆肥や米ぬかなどが撒《ま》かれた田んぼには冬も水が張られ、様々な生物を育みます。命あふれる田んぼにカタカタと音を立てながら餌《えさ》を求めて舞い降りるコウノトリ。この、人と自然の共生をめざす農法で育てられた米で醸すのが、「竹泉 純米吟醸 幸《こう》の鳥《とり》 生酛」です。もとは速醸酛《そくじょうもと》で仕込んでいたこの酒を、平成二四年（二〇一二）に生酛仕込みに変えました。

何も特別なことはしないで当たり前のことを当たり前にやる。めざす酒質は米の力を最大限に発揮する酒。「ラベルは、地元の版画家の方に但馬の四季を全面に描いてもらっています。旨味が乗ってきて落ちついてきたら、出荷します。待っててください」。

この蔵の酒は、熟成後の旨味の乗りが素晴らしいのですが、それにしても生酒の出荷が少ないのです。熟成させるとなると、造ってすぐには出荷しないため資金が眠ることになる。けれども、自分たちの酒質を守り、理解し、質実と酒を造り続けるその姿勢は、自分たちにとって必要なものではなく、酒にとって必要なものだけを考えているように見えるのです。

さな板の上に置かれる蒸米。すき間から熱が逃げ、効率よく自然放冷が進む

田治米合名会社

主要銘柄「竹泉」

住　所：兵庫県朝来市山東町矢名瀬町 545
電　話：079-676-2033
アクセス：JR 梁瀬駅から徒歩約 10 分
U R L：http://www.chikusen-1702.com

コラム

酒の元、酒の母

「今までずっと知ってるようなふりをしてたのですが、酛《もと》とか酒母《しゅぼ》って、そもそもなんですか?」こんなふうにおっしゃる方、すごくたくさんいらっしゃいます。

日本酒は、大きなタンクに蒸した米と米麹《こうじ》と水を入れて、造ります。タンクは開放されている時間が長いので、蔵の中に棲む、酒造りに有用でない微生物が入ってくる可能性があります。不用な微生物がタンクに侵入し、それらが優勢になると、酒質を悪くしたり、腐造の引き金となったりするのです。そこで、醪《もろみ》を仕込む前に、あらかじめ小さめのタンクや桶で、醪を正しく発酵させるための酵母を大量に培養させることにしたのです。

こうしてできた粥状のものを、酒母、または酛と呼びます。酒母(酛)は、醪を仕込むときに加えることで、醪の発酵を安定させ、有害微生物の勢力を削ぐ役割を果たしてくれます。

仕込みの際、麹を水に浸漬《しんせき》するときに、人工的に醸造用乳酸を添加されたものは、速醸系酒母《そくじょうけいしゅぼ》と呼ばれます。速醸酛、高温糖化酒母、希薄酒母などがこのグループに入ります。乳酸菌の増殖と乳酸の生成にかかる時間を大幅に短縮でき、約二週間で酒母を育てることができます。現在、ほとんどの酒造家が採用している、もっともポピュラーな酒母造りです。この、乳酸を添加し酵母を純粋培養する酒母育成法は、明治四三年(一九一〇)、醸造試験所(現・独立行政法人酒類総合研究所)の技術者・江田鎌治《えだかまじ》郎《ろう》氏によって体系づけられた、醸造界の大発明です。

一方、自然界に棲む乳酸菌を取り込んだものは、生酛《きもと》系酒母と呼ばれます。生酛、山卸《やまおろし》廃止酛、水酛などが含まれます。江戸時代に完成された酛仕込み法で、乳酸菌を増殖させ、増殖した乳酸菌が生成する乳酸によって培地を酸性に保ち、有害微生物による浸食を防ぐという、日本独自の酵母培養法ですが、速醸酛の倍以上の時間と手間がかかり、この方法をとる酒造家は少数です。

大手酒造メーカーのCM映像にもなっていた、蔵人が棒を持ち、唄いながら何やらかき混ぜるような動作をしているのは、まさに、生酛仕込みの作業のひとつ、酛《もと》すりをしているところです。「爪」(橅櫂《かぶらがい》)と呼ばれるヘラのような道具で、蒸した米と米麹をすり潰し、麹の酵素作用を促進させ、乳酸菌が発生しやすい環境にするのです。酛すりは山卸しとも言われ、ドラマティックな酒造りの風景のひとつです。酛すり唄は、三人が体のリズムを合わせ、時間を計るために唄われていたといわれています。なお、この酛すりの作業を廃して造られた酒母が「山卸廃止酛」、通称「山廃《やまはい》」と呼ばれます。

酛、酒母と呼ばれるものは、どんな酒を造るにも欠かすことのできないもの。美しい発酵をもたらすための防衛隊だったのですね。微生物たちの淘汰のお話。

第3章

山《やま》卸《おろし》廃《はい》止《し》酛《もと》仕込み

櫂《かい》でつぶすな　麹《こうじ》で溶かせ

自然界に生きる乳酸菌を
温度管理によって導き入れる。
一度の温度差が酒造りそのものを揺るがす
真剣勝負の世界で、微生物たちは
生き残りをかけてせめぎ合い、
ミクロの命をドラマティックに躍らせるのです。

北の大地の伊達娘

川敬商店《かわけいしょうてん》「黄金澤《こがねさわ》 山廃純米《やまはいじゅんまい》」

五月の田んぼは水鏡。朝に隠れる月や流れる雲、夕焼けや、きらめく星を映したシンメトリーな構図からは、ぴょんぴょんと緑の苗が顔を出し、若やいだ匂いをたてるのです。仙台市より北東に約四〇キロ、見わたす限りの田園地帯、大崎平野からは、ササニシキやひとめぼれといった銘柄米が誕生しました。平野の南東部、鳴瀬川《なるせがわ》に沿った宮城県遠田郡美里町《とおだぐんみさとまち》は、豊穣を約束された美《うつく》しの里。ここに、「黄金澤《こがねさわ》」醸造元・合名会社川敬商店は蔵を構えます。現在の蔵元は、六代目・川名正直氏です。

江戸時代、亘理伊達家《わたりだてけ》の御用金物商だった川名

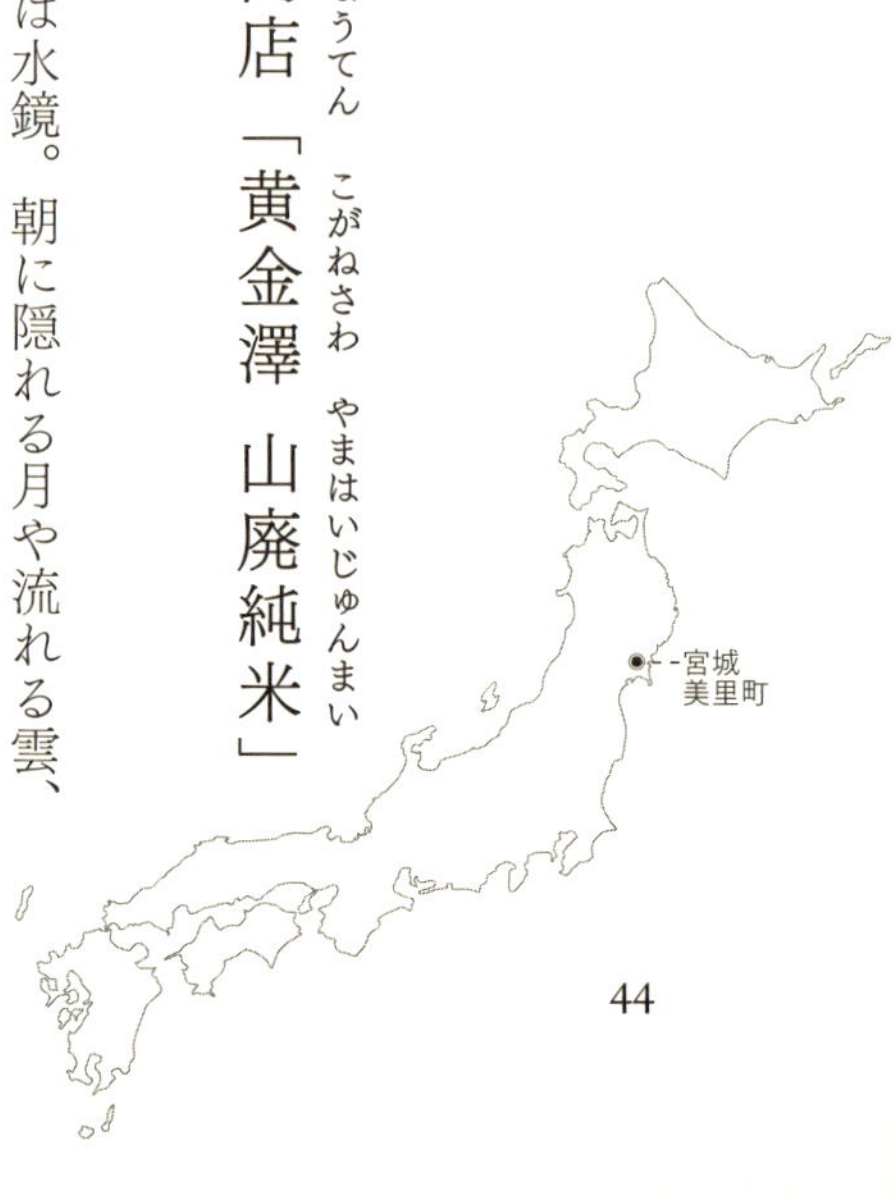

家は、同家の移封にともない、出入りの先を涌谷《わくや》伊達家に移します。屋号は橘屋《たちばなや》。ところが、明治に入り家業は衰退、当主であった川名敬治は、酒造業に転じました。川敬商店の始まりです。創業の地は、美里町の北に隣接する涌谷町《わくやちょう》でした。

皇《すめらぎ》の　御代栄えむと　東《あずま》なる　陸奥山《みちのくやま》に　黄金花《くがね》咲く

聖武天皇に献上され、奈良・東大寺の盧舎那仏《るしゃなぶつ》の五丈三尺五寸という巨大な尊容を輝かせることになった金は、この涌谷町（陸奥国小田郡）周辺で産出されたものです。大伴家持《おおとものやかもち》は、日本初の産金に慶賀の歌を詠んだのでした。地方の一社であった黄金山《こがねやま》神社には、金の産出を記念する仏堂が建てられ「延喜式神名帳」に記載され、延喜式内社と呼ばれる国家の神社となりました。現在、一帯は「黄金山産金遺跡」として国の史跡に指定されています。

黄金山神社には、滾々《こんこん》と清水湧き出る沢がありました。川敬商店はこの沢の傍らでお酒を仕込み始めたことから、酒銘を「黄金澤」としました。蔵が現在地に移されるのは、明治三五年（一九〇二）のことです。

「お酒造りは、入り口（原料処理）と出口（搾るタイミング）が最も難しく重要。また、つねに酵母と対話し、酵母の声を聴けるようになることが大切で、娘にもよく言い聞かせています。その対

麹室。湿度を変えた二部屋を麹造りの前半と後半で使い分ける

平成26年醸造年度から酒母を担当する、六代目蔵元の一人娘・川名由倫氏

話を重ねるうち、搾るタイミングなども自ずとわかってくるのです」。語り手は蔵元であり、杜氏でもある正直氏。娘とは一人娘で蔵の継承者である、昭和六三年（一九八八）生まれの由倫《ゆり》氏のこと。全国新酒鑑評会で一二年連続金賞受賞（平成二七年現在）という偉業を成した父のもと、酒造りの修業中です。

「創業時より山廃を継承してきた理由は、この技術を途絶えさせるのは忍びない、山廃の酒質の良さをずっと伝えたいと代々考えてきたためです」。言葉の通り「黄金澤 山廃純米」からは、技の精髄を感じます。奥ゆかしい乳酸の立ち方、咽頭を覆うやわらかな旨味、なめらかなボディからは精緻を極めた設計がうかがい知れ、フィニッシュでひとくねりする乳酸に、引き戻されるように杯を重ねてしまうのです。

この、ただただ見事としかいいようのない山廃仕込みを受け継いでいくことに、不安や抵抗は感じなかったのか、由倫氏に質問をぶつけてみました。

「家業を継ぐことには抵抗しかありませんでした。大学も、父は東京農大しか考えていなかったようですが、私自身は反発に加え、醸造というものに興味が持てなかったこともあり、畑違いの法学部に進学。社会科の教員免許も取りました。でも、あの日、東日本を襲った地震が私を変えたのです。それまで、酒蔵の一人娘に生まれたのは偶然だと思っていました。でも、被災した蔵で過ごすうち、ここに生まれたことには何か意味があるのかもしれない。ここですべきことがあるのかもしれないと思うようになりました。運命というものがあるのなら、この場所が、自分で切り拓く道のスタート地点じゃないだろうか、そんなふうに考えるようになったのです」。

鳴瀬川にコーコーと白鳥の鳴き声が響く冬、父娘《おやこ》は蔵にこもります。誰かの喜びに成り得るものを、心とかす酒を造るために。

ひと冬、またひと冬と修業を重ねる由倫氏の大好きな季節は、新緑が美しい五月だそうです。「田植えを終えた田んぼは清々しい。『杜《もり》の都』といわれる仙台ではこの季節、青葉まつりが行われ、街中にお囃子《はやし》が鳴り響き、甲冑《かっちゅう》姿の武者行列や神輿渡御《みこしとぎょ》、すずめ踊りの大流しとそれは賑やかです。中・高・大と仙台に通学した私は毎年祭りの手伝いをしています。私にとっての地元は、美里町だけではありません。仙台も、さらに言うと宮城県そのものが地元なのです」。

昭和40年代築の蔵は東日本大震災で打撃を受けるも無事修復が成った

幾度《いくたび》も自然の猛威に晒され、その都度立ち上がってきた宮城。打ちのめされても、挫《くじ》けることがあったとしても思いは遂げる、そんな伊達者たちのＤＮＡが由倫氏のなかにもしっかりと根づいているのでしょう。北の大地、ここにも、酒蔵に生きることを決意した娘がいます。

合名会社 川敬商店

主要銘柄「黄金澤」

住　所：宮城県遠田郡美里町二郷字高玉 6-7
電　話：0229-58-0333
アクセス：JR 鹿島台駅から車で約 10 分
U R L：http://www.k2.dion.ne.jp/~koganesa/

無言の誇りをまとう酒

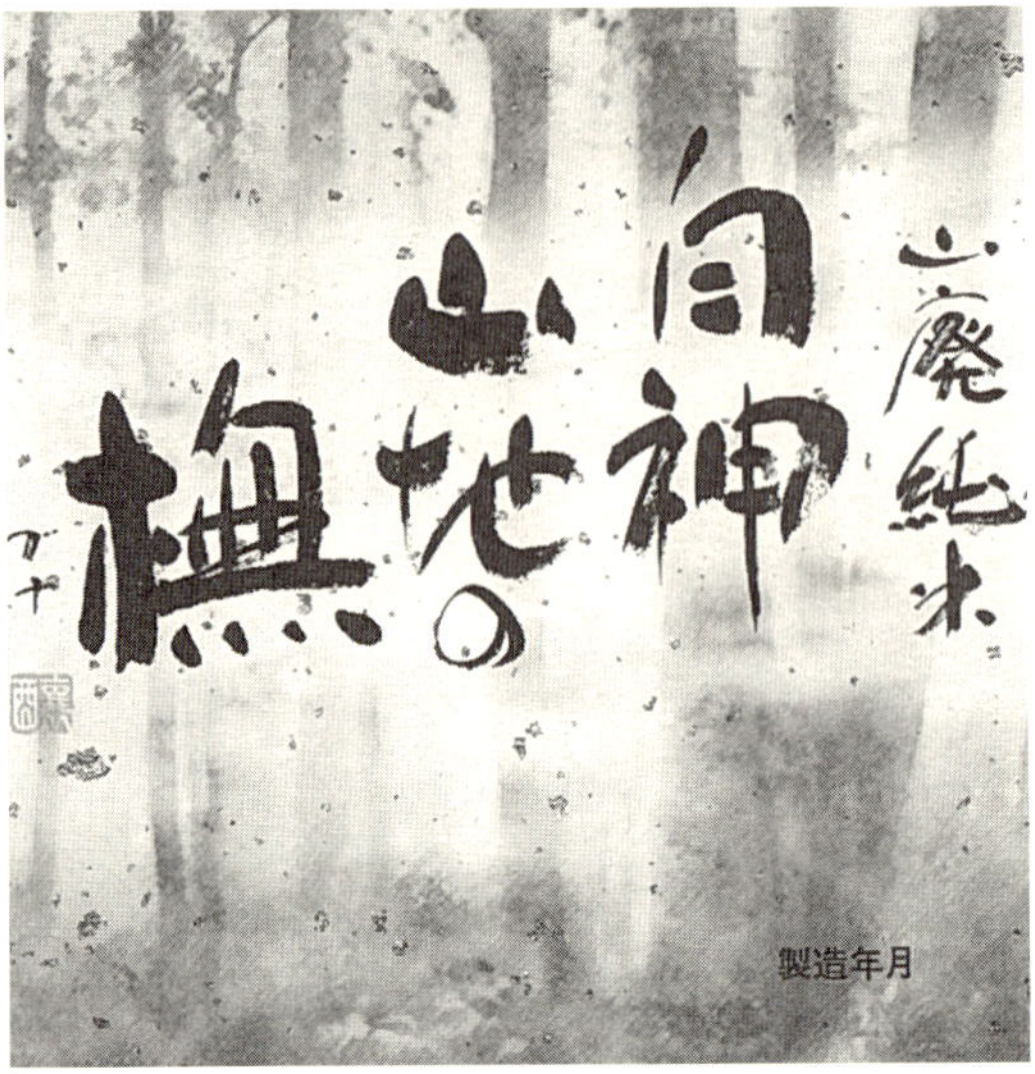

尾崎酒造《おざきしゅぞう》「白神山地の橅《しらかみさんちのぶな》」

お日様の光に揺れる生干しのイカ。ここは、青森県西津軽郡鰺《あじ》ヶ《が》沢町《さわまち》。浜町《はままち》、釣町《つりまち》、漁《りょう》師《し》町《まち》と、いかにも漁港を思わせる地名が続く海沿いの町です。北に日本海、南に白神山地をいただく細長い町は藩政時代、北前船の寄港地として大いに賑わいました。

漁師町に、海に向かって建つ酒蔵があります。「安東《あんどう》水軍」と染め抜かれた、真っ赤な幟《のぼり》をはためかせるこの蔵は、尾崎酒造。創業は万延元年（一八六〇）です。北前船に乗って福井からやってきた初代がこの地に住み、八代目が酒造業を始めたと伝えられています。

「長年、南部杜氏による酒造りで、大手酒造メーカーへの桶売りを主としていましたが、昭和六〇年代に入って桶売りをやめ、すべて自社商品として売るようになりました。以来、無我夢中で造っています」。語り手は、一三代当主・尾崎行一《こういち》氏。

「初めて造った純米酒は、どちらかといえば重い酒質でした。スッキリと飲みやすいお酒をめざしましたが、そうするとスッキリしすぎだという声が出たりと、なかなかちょうどいい具合にいかなくて……」。

桶売りをやめた直後は、めざす酒質を実現させるために、ことさら苦心を重ねたといいます。ただ、この地での酒造りに不利な条件は思いあたりません。蔵の背後には、世界自然遺産・白神山地の伏流水が湧き出ています。ブナの原生林が育んだやわらかな水は、津軽の厳しい冬とあいまって、佳《よ》いお酒を造る後押しをしてくれるはずです。

試行錯誤をくり返した末、昭和六二年（一九八七）、初めて純米酒を世に送り出します。酒銘は「安東水軍」。奥州の戦乱・前九年の役（康平五年・一〇六二）で敗れた安倍貞任の遺児・高星丸《たかあきまる》を祖とする北の覇者、謎多い水軍の名を冠しました。かつて宋や元、高麗、樺太などと交易して巨万の富を築き、蝦夷地から若狭小浜あたりまで自在に行き来したという安東（藤）氏が十三湊《とさみなと》を失ったあと主要な湊としたのが、この鰺ヶ沢だとされているからです。

「安東水軍」は、その名が思わせる勇猛なイメージをあっさりと裏切り、味蕾《みらい》をなでるように優しく通り過ぎます。やわらかな旨味はふっくらとした薫りに包まれ、見え隠れする千々の酸をミステリアスな酒銘の奥に隠すのです。

酒銘「安東水軍」が印象的な扉。春～秋はここに真っ赤な幟も立つ

蒸米を冷ます工程、蒸しとり。和を尊ぶ
蔵人皆で力を合わせ

この蔵を語るうえで、もうひとつ忘れてはいけないのが「白神山地の橅《ぶな》」。山廃仕込みの純米酒です。『安東水軍』を世に送り出してからまもなく、青森県でも皆、純米酒を造るようになり、差別化を考えるようになりました。そこで、独自性の追求という意味でも、山廃仕込みに取り組むことを決めたのです。平成一六年（二〇〇四）のことでした」。

蔵の個性を醸すといっても過言ではない山廃仕込みのお酒は、やはり、乳酸に注目してしまいます。「白神山地の橅」のそれは、熟した果実のように厚みがあり、微生物の気配を感じさせる香りは、コクのあるボディを容易に連想させます。隠れていたいくつもの酸が次々と顔を出し、設計の巧妙さが感じられます。そして、常温以上の温度帯で乳酸のふくらみを増幅させると、香りもまた呼応するかのように、振り幅の広さを見せるのです。

「安東水軍」と「白神山地の橅」は、正反対の酒質ですが、この二つの酒には、紛うがごとく同じ精神が見えます。それは、情が深く、芯が太く、ロマンティストな気質に、「じょっぱり」といわれる頑固さが加わった、津軽に生きる人そのもののエスプリ。まるで、無口な誇りをまとった岩木山《いわきさん》のようです。

「透き通るくらいに嬋娟《せんけん》たる美女」と太宰治がその山容を讃えた岩木山。ピンと尖った三つの峰は、ゆるやかに拡げた裾の女らしさとは裏腹に、心を射るように冷たく、津軽平野のどこからでも見えることを気にしてか、隙を見せません。尾崎酒造は、津軽の誇りを背に、勇者が駆けめぐった海を見わたし、八千年の森に棲む木々に磨かれた水を、こつこつ、こつこつ、お米に染ませていきます。「白神のわぎみずでつぐった、めぇ酒っこだど」。そう、この蔵のお酒は、白神山地の湧水、ブナの原生林が育んだ水から生まれるのです。

海風を浴びた幟が、日本海に沈む夕陽を見送る酒蔵に、平成二四年（二〇一二）、頼もしい後継者が帰ってきました。東京農業大学を卒業後、出羽桜酒造（山形県）での二年間の修業を終えた一四代目・大氏《だい》です。酒造りに精を出す父の背中を見て育ち、高校生の頃から酒造りを手伝っていたという大氏。「酒とは何なのか？」という素朴な疑問を胸に、発酵や熟成と向き合ってきました。技術、知識、心、培ってきたものすべてを生かした酒造りが、この蔵の未来を担います。

「幼い頃から目に焼きつけてきた酒を造る父の姿は、近道を探さず、無我夢中で微生物と対話することを、無言で教えてくれました。未来へと続く道に、案内図はありません。だからこそ、父を信じ、自分を信じ、この蔵で醸し続けるのです」。

津軽藩発祥の地・鰺ヶ沢町にある尾崎酒造は、青森県西海岸唯一の酒蔵

尾崎酒造株式会社

主要銘柄「安東水軍」

住　所：青森県西津軽郡鰺ヶ沢町大字漁師町 30
電　話：0173-72-2029
アクセス：JR 鰺ケ沢駅からバス約 15 分 漁師町停下車 徒歩約 1 分
U R L：http://www.ozakishuzo.com/

王者の道

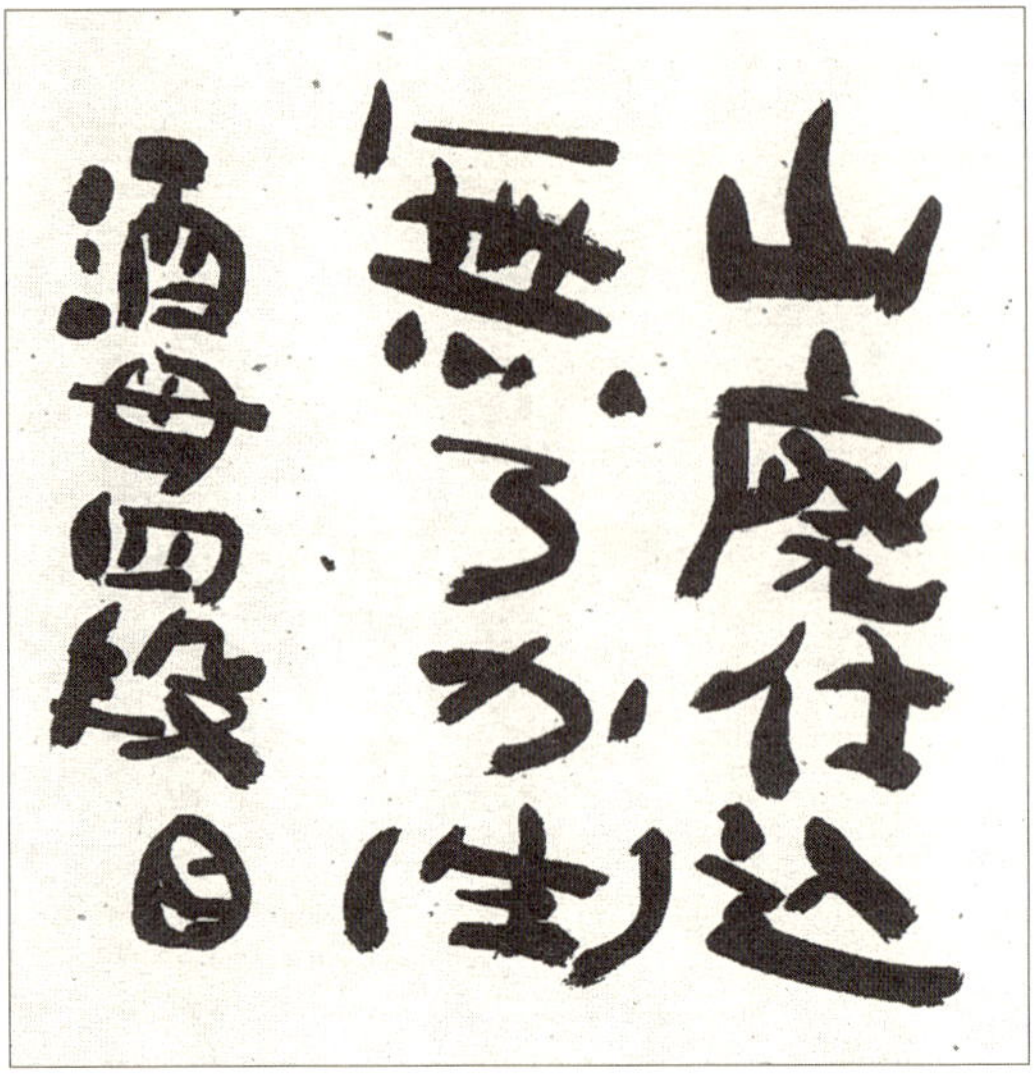

上原酒造《うえはらしゅぞう》「不老泉《ふろうせん》 山廃仕込《やまはいじこみ》 酒母四段《しゅぼよんだん》」

山や川、棚田や里の暮らしが多様な景色を小刻みに展開させる滋賀県高島市。琵琶湖の西岸、湖西《こせい》と呼ばれる地域は平野部が少なく、丘陵・台地・低地の間隔が狭い土地。ここでは、山も、湖《うみ》も、空までもが、俗な気持ちを撥《は》ねつけるようにきっぱりと美しいのです。

「不老泉《ふろうせん》」醸造元・上原酒造。湖西の空の下、威容をかたどるこの蔵の創業は文久二年（一八六二）。いたるところで攘夷が叫ばれ、日本のざわめきがもろもろの民をも覆い始めた頃でした。

蔵の建つ新旭町《しんあさひちょう》は、安曇川《あどがわ》の豊富な伏流水があちこちに湧き出る清水の里で、酒銘の「不老泉」

とは、蔵に自噴する井戸からとったものです。こんこんと湧き出る水は、天から授かった大切な酒造りの資財。井戸を掘ったときに地中から掘り起こされたお地蔵様は、今も敷地内にお祀りされています。

この蔵の代名詞ともいえるのが、酵母無添加の山廃仕込みと木槽天秤《きぶねてんびん》しぼり。「不老泉の山廃を見てみたい」「不老泉で天秤を操ってみたい」「生涯一度でいい、上原で仕込んでみたい！」。若手酒造家たちから漏れ聞こえる声、声、声。彼らにそうまで言わしめる憧憬の酒蔵。そこにはどんな人がいて、何が行われているのでしょう。六代目蔵元・上原績《いさお》氏に答えを求めます。

「山廃は、故・山根弘杜氏が平成二年（一九九〇）に来てから始めたもの。当時、滋賀で山廃仕込みを出荷する蔵はありませんでした。山根杜氏の『本当の山廃を』との信念で、酵母無添加で仕込むことにしましたが、蔵付き酵母の独特の濃醇な味わいは、淡麗辛口が全盛の時代には到底受け入れられず、異端児扱い。一部の料飲店からは『こんなの酒じゃない』、同業者間でも陰で『あんな酸っぱい酒』なんて言われていたようです」。

酷評が飛び交うなか、微生物たちがあるがままの姿を見せる「不老泉」の山廃は、異端であることを誇り、人為に挑むかのように、堅固な信念を燃え立たせたのでした。平成三年（一九九一）のことでした。

全身をそばだて、ミクロの生命を見つめる張りつめた時間は、骨格のしっかりした酸を生みます。微生物の本性を飲む……それが、この蔵の山廃仕込み。そして、高い酸に旨味を持たせた野趣あふれる香味は、徐々に酒マニアたちの支持を集めていくことになります。

槽場《ふなば》の二基の木槽《きぶね》には、樫、鋼という素材の異なる天秤棒が据えられています。その厳《いか》めしい容姿

錘の重みと、てこの原理を利用した木槽天秤しぼり。丁寧な搾りが生む旨口のしずくが、槽口から流れ出る

は、苦悩に対して共感を示しているようです。江戸末期から行われる、醪《もろみ》に圧力をかけて搾る方法、木槽天秤しぼり。長さ約一五メートルの天秤棒に錘《おもり》を吊るし、搾りの状態を確認しながら錘を調整する、このうえない手間暇を要する作業です。

「醪は、はじめは自らの重みだけで酒を滴《したた》らせます。そのあと、天秤に徐々に錘をかけ圧力を調整しながら搾ります。錘は最軽量で、樫が三〇〇キロ、鋼が五〇〇キロ。最重量は一トンにもなります。すべての醪を三日もかけて搾るのです。薮田式（自動醪搾機）より粕歩合が多くなりますが、雑味がなく、じっくり搾りだすことで深みが備わります」。今や、全国で三場のみが行う木槽天秤しぼり。いかにも古式な圧搾方法は、すべての醪に「上原の酒」の刻印を押すのです。

平成二三年（二〇一一）醸造年度より、上原の酒に「酒母四段」が加わります。この酒は、普通酒を造るときに今も用いられる四段法で仕込みます。「やってみたのは思いつき」と笑う績氏。酵素剤、麹、もち米など、四段目に何を加えるかは蔵によって様々ですが、この蔵ではあえて手間のかかる酒母を加えることにしました。めざした香味はとにかく濃醇。山根杜氏が初めて造った山廃と同じく、異端であることを恐れず、独立独歩の礎《いしずえ》とするかのような酒となりました。時代に伴走するのではなく、いかにかっこよく時代に遅れるか——。上原酒造という蔵は、そんなことを考えているように思えてなりません。

本当の山廃を追求し、「上原の酒」をつくり上げた山根弘杜氏が息を引き取られたのは平成二六年（二〇一四）の七夕の朝でした。もう、山根杜氏が上原酒造で冬を越すことはなくなってしまいました。「やっぱり好きだからこれ」。老巧の人が造り続けた酒は、平成二六年（二〇一四）醸造年度より、横坂安男新杜氏の手に引き継がれました。「山根杜氏との出逢いで蔵は大きく変わりました。そして今、横坂杜氏体制のもと、また新たな転機が訪れた。山根杜氏とそうだったように、横坂杜氏とも信頼の濃度を増していこう。今はそう思っています」。

安曇川の伏流水が湧き出る新旭町。ノスタルジックな町の風景に溶け込む上原酒造

「恵迪吉」。迪《みち》に恵《したが》へば吉《きち》。酒蓋に記された教戒は、明治三五年（一九〇二）、太田村（高島市新旭町太田）の蛙声庵に逗留した富岡鉄斎から受けた揮毫《きごう》の三文字です。文人画家にして儒学者でもあった鉄斎は、中国の古典『書経』をひもとき、「善道を歩めば吉となり、悪逆に従えば凶となる。怠ることなく、荒むことなく、ひたすら勉め、励むべし」と、王の道を説きました。この蔵は、そう、王なのです。

上原酒造株式会社

主要銘柄「不老泉」

住　所：滋賀県高島市新旭町太田 1524
電　話：0740-25-2075
アクセス：JR 新旭駅から車で約 10 分
U R L：http://furosen.com/

吉兆の狐火

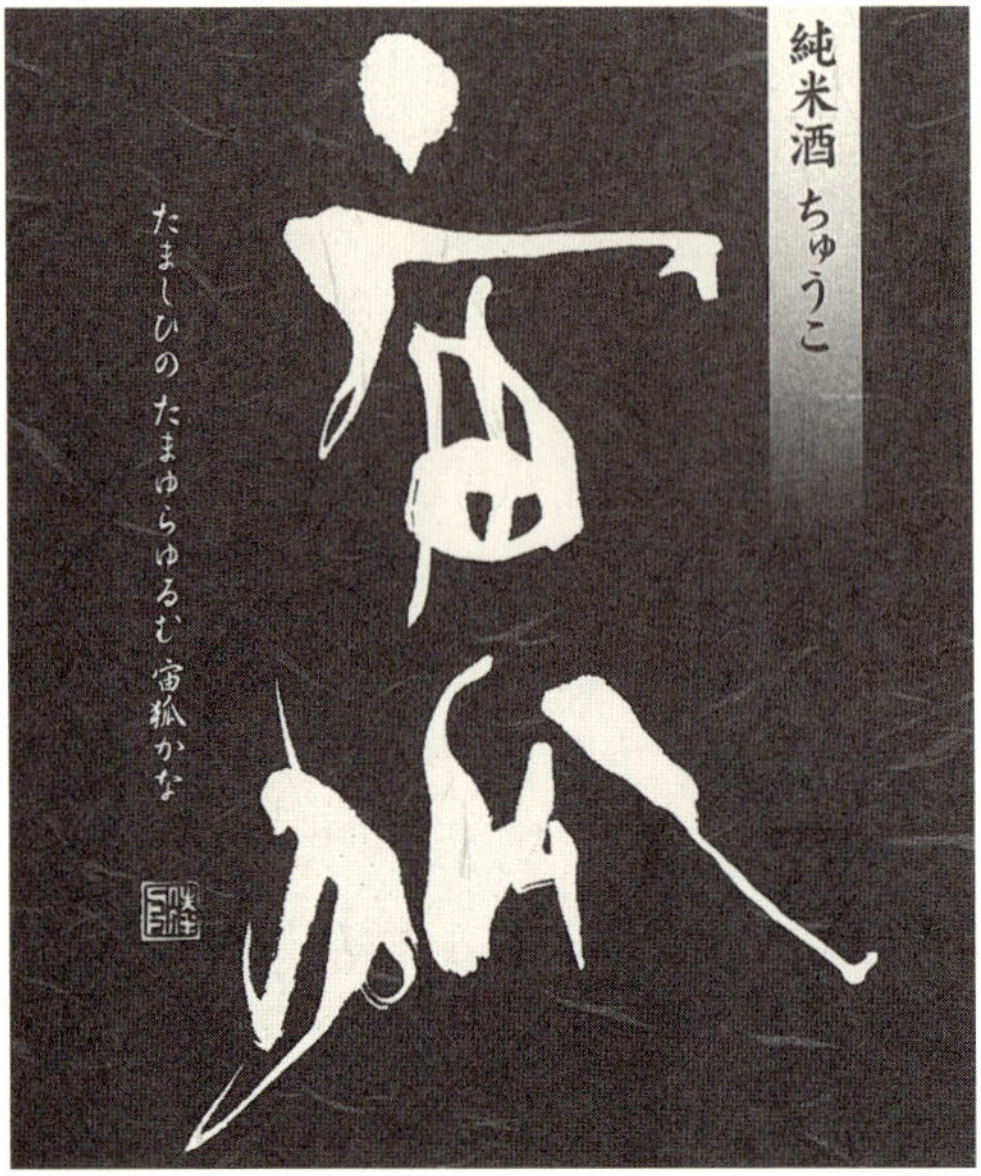

田中酒造場《たなかしゅぞうじょう》「宙狐《ちゅうこ》　山廃純米《やまはいじゅんまい》」

因幡《いなば》と播磨《はりま》を結ぶ因幡《いなば》街道は、山陰側では上方往来とも呼ばれ、瀬戸内海と日本海を結ぶ物流の道でした。街道の歴史は古く、鎌倉時代には後鳥羽上皇が失意のうちに隠岐への道をたどり、時を経て、同じく隠岐に配流されていた後醍醐天皇はこの道を京へと駆け上り、再起の道としました。

山陰と山陽の境目ともいうべき山あいの町、岡山県美作《みまさか》市《し》古町《ふるまち》は、大原地区と呼ばれる地域で、古くは小原宿《おはらじゅく》と呼ばれていました。江戸時代、因幡街道の宿場町として賑わいを見せた小原宿は、本陣・有元家と脇本陣・涌元

家が街道を挟んではすかいに建ち、御成門や長屋門の奥に、中国山地の山々を抜けてきた参勤交代の大名行列の隊を解かせたのでした。街道の両端には水路が設けられ、豊富な水量は芋車をくるくると回します。

　この、わずかに修景された街道筋で、有元家、涌元家とともに、町並みに情緒のリアリティを与えるのが、田中酒造場です。水音にじっと耳を傾けるように軒先にぶら下がる杉玉。石畳がよく似合う白い海鼠壁《なまこかべ》。二階の虫籠窓《むしこまど》は矩形《くけい》で、袖壁にほどこされた曲線とともに、この家屋が明治に入ってからのものだと示しています。

「大原白梅《おおはらしらうめ》」、「武蔵《むさし》の里《さと》」を主要銘柄とする田中酒造場は、明治一八年（一八八五）母屋と酒蔵を同時に建築し、創業しました。田中家の祖先が、駿河《するが》の国から赴任した代官の手代頭としてこの地にやってきたのは一一代も前、徳川八代将軍吉宗の治世の頃といいます。現在の当主は、田中宏幸氏。蔵元としては五代目です。

「大原は、災害の少ない穏やかな地域です。山間部の小さな地域のため、他からの商品流入が少なく、地元での販売が長く守られてきました。しかし、今ではそういうわけにもいかなくなり、うちも他地域での営業活動をしてこなかったぶん、苦しんでいます」。宏幸氏は言葉を継ぎます。「現在（平成二六年醸造年度・二〇一四）の石高は一二〇石程度。酒造期は蔵人として近隣から二人来てくれています。何も設備がない蔵なので、人だけが頼り。

昔話に出てくるような山あいの町、
岡山県美作市古町に佇む蔵

ですから先代からの教えで、一番大切に、強く心に引き継いだものは、人を大切にすることです」。

釜場には、昔ながらの和釜が置かれています。和釜は、蒸し上がりに近づく頃には、釜の周囲の熱で乾燥した熱気が上がり、甑《こしき》の中で蒸気を吸ってやわらかくなった米の表面の水分を乾かします。こうして、良い麹米《こうじまい》になるための条件を備えた、外硬内軟の蒸米が出来上がるのです。冷たい蔵の空気に立ち込める真っ白な湯気。蒸しあがった米がもたらす美味しい予感に、心が躍ります。

この蔵では、創業の頃よりずっと、晩酌の酒として近隣の人々に愛されてきた「大原白梅」、蔵のある古町からほど近い宮本の地が、宮本武蔵生誕の地と伝承されることを受け、昭和六〇年（一九八五）頃より造り始めた「武蔵の里」の他に、平成二四年（二〇一二）より「宙狐《ちゅうこ》」という吉兆の名を持つ酒を醸します。

「宙狐」は狐火の別称で、狐のともす怪しい灯は、中国地方では、佳《よ》いことが起こる前兆とされています。「武蔵の里」とは酵母を違え、速醸酛《そくじょうもと》で造ったものは一年以内に出荷し、山廃酛《やまはいもと》で造ったものは一年以上の熟成期間を経て出荷します。なかでも特筆に値するのが山廃仕込みです。様々な微量成分と乱れなく重なる穏やかな乳酸が、ボディにやわらかさをもたらす「宙狐 山廃純米」。鼻腔をかすめるくつろぎの香り、野生種の乳酸菌が持つ複雑さに気づかせる余韻のひとくねり。奥ゆきのある香味は無駄がなく、細く、すうっと伸びていきます。最初の印象をみごとに裏切るフィニッシュは、

大きな和釜に湯を沸かし、その上に甑を置いて米を蒸す

トリックショットのような高度な技術と面白さで、酒を飲むことは楽しいことなんだという原点を思い出させてくれます。

宙狐は、周囲を明るく照らし、豊作を約束し、やがて跡形もなく消えるといいます。「毎年、もう終わったのかと思うくらい酒造期を短く感じます。そして、来年もまた、お酒を造りたい、そう願うのです」。冬は、米を酒に変える時間。それは、狐火がゆらめく時間のように短い、吉兆の光に溢れた輝く季節。

因幡街道沿いでにぎやかに行われる「古町のひな祭り」

酒造期が明けた春、因幡街道沿いの家々は、縁側や軒下、土間や居間、思い思いの場所に雛人形を飾り、開放します。趣ある町を散策しながら、雛めぐりを楽しんでほしいと、先代・田中次郎氏の呼びかけで始められた「古町のひな祭り」です。雛たちが、道行く人々を澄ました笑顔でもてなすこの日、街道に人があふれます。そして、訪れた人は気づくのです。この町には酒蔵があって、そこには、鼓動を打つように酒を醸す人がいるということに。

有限会社田中酒造場

主要銘柄「大原白梅」「武蔵の里」

住　所：岡山県美作市古町 1655
電　話：0868-78-2059
アクセス：智頭急行 大原駅から徒歩約５分／鳥取自動車道大原 IC から車で約５分
ＵＲＬ：http://www.musashinosato.com/

コラム

恋する日本酒

「Vodka Martini, shaken, not stirred（ウォッカ・マティーニ、ステアでなくシェイクで）」。イアン・フレミングは、ジェームズ・ボンドに、様々なマティーニをオーダーさせました。マイケル・カーティスは、コニャックと思い出に酔いつぶれる男を、ハンフリー・ボガードに演じさせました。ウォッカ、ベルモット、ワイン、シャンパン、コニャック……。スクリーンの中で、男のスタイリッシュを際立たせ、恋に寄り添う洋酒。じゃあ、日本酒は？

映画『駅 STATION』や『居酒屋兆治』で高倉健が日本酒を飲むシーンは、主人公の孤独と隣り合わせの人生を、もののみごとに切り取っています。「蕎麦前※なくして蕎麦屋なし」と語った池波正太郎は、日本酒を飲むという行為のなかに、男の粋を描きました。洋の東西はあれど、アルコールが、リアルな感情を映し出すように存在することに変わりはないですね。

冬、タンクの中で、膨らんでは弾け、弾けてはまた膨らむ小さな泡は、官能に目覚めた天使が革命を起こすように、ピチピチ……パチパチ……と、楽しげな音を立てます。この国の酒は、生成り色の培地にひしめく無数の微生物が、求めあったり、優しさを交換しあったり、やきもちを焼いたり、時々意地悪をしたりしながら、発酵という名の〝進化〟のもとに育っていくように思います。そう、恋をして大人になっていく生身の人間のように。

微生物たちによる自然淘汰は、酒という生物の〝進化〟におけるひとつの過程であり、並行複発酵※という世界に類を見ない複雑な発酵形式には、ただただ畏敬の念をはらうばかり。ですがこれを、微生物たちが会話をしながら、タンクの中で夢のように生きていると思えば、その営みが愛しく、身近なものに思えてきませんか？「あなたが好きよ。でも、私はあなたより私が好きなの」。そんなことを言いながら相手を駆逐して、個体を残してゆく微生物がいっぱいいるのかも！

日本酒は生き物です。タンクの中でも、瓶に詰められてからも、酒器に注がれたあとでさえ、刹那刹那に変化を遂げながら生きています。私たち人間がそうであるように——。だから日本酒は、苦悩に共感してくれる、生きることと格闘する勇気をくれる、一人じゃないよと出会いをくれる、そんなふうに感じます。

五感をほどいて、心をほどいて、誰かに恋するように、日本酒と向き合ったなら、聞こえてくるかも、生き続ける微生物たちの声が。〝Here's looking at you, kid.〟※今、ここで君を見てるよ……って。

※蕎麦前…蕎麦屋で蕎麦を食べる前に飲む酒や酒肴のこと。
※並行複発酵…麹の酵素、アミラーゼによるでんぷんの糖化と、酵母によるアルコール発酵が同時に行われる。
※〝Here's looking at you, kid.〟…映画『カサブランカ』で、ハンフリー・ボガードがイングリッド・バーグマンに言う名台詞。邦訳では「君の瞳に乾杯」。

第4章

速《そく》醸《じょう》酛《もと》　其の一

ポップアップSake!
ヴィジュアル革命

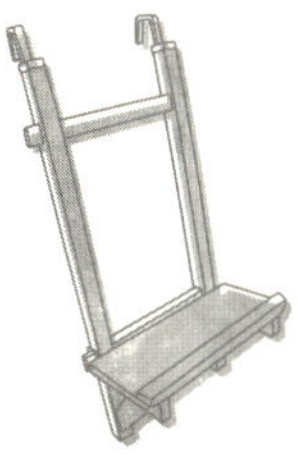

視覚に飛び込んでくる〝味〟があります。
「日本酒だから日本酒らしく」。
そんなことに囚われないからこそできた
酒のヴィジュアライズ。
ラベルアートに誘われ、
うっかりジャケ買いしたって損はしません！

土佐のはちきん

アリサワ「文佳人《ぶんかじん》 夏純吟《なつじゅんぎん》」

山や田が萌える初夏は、土佐山田が一番綺麗な季節。面積の七割を山林が占めるこの地では、柚子、生姜やニラ、やっこネギといった高知を代表する農産物の栽培が盛んです。ふいに出くわす小さなお宮、遮断機をのんびり上げ下げする踏切のそばを、ガタゴトとＪＲの汽車が行きます。

ＪＲ土讃《どさん》線・土佐山田駅からまっすぐ約一〇〇メートル、扉に大きく貼り出された酒のラベルには「文佳人《ぶんかじん》」の文字。ラベルは昭和二〇年代半ばのものらしく、「香美郡山田町　有澤酒造場」と記されています。

この蔵は、明治一〇年（一八七八）有澤源作が酒造業を起こしたことを始まりとし、昭和四〇年（一九六五）に、社名を現在の「株式会社アリサワ」としました。

二代目の宗策は、酒造業以外にソテツの栽培も手掛け、財をふくらませます。「文佳人」は、戦後間もない頃に造り始めた銘柄で、酒銘は宗策による造語です。江戸時代初期、土佐藩執政として功績を上げるも失脚した野中兼山の娘、婉《えん》。家の取り潰し後、四〇年にわたり幽閉されながら儒学に励み、赦免後は貧しい人のために医術を施し、その生涯を全うした婉を、二代目宗策は、学問に秀で教養にあふれた「文の佳人」と称え、酒の銘としたのです。

三代目・周太郎は、低価格商品に力を入れて販路を拡げ、主要銘柄も「黒潮」に変更します。「文佳人」は、ほとんど造られなくなりました。

昭和五〇年代以降、四代目・慎輔氏もその路線を引き継ぎ、「黒潮」「土佐桜」「土佐日記」といった大衆酒を次々に造り、容器には紙パックを採用。小さな酒蔵が「桶売り」に甘んじ存続を図った時代にも、販路を守り続けますが、「文佳人」の造りはやめてしまうのでした。

仕込み蔵へと続く扉には、今は使われていない「文佳人」のラベルが

「家業を継げ」と言われなかったという五代目の浩輔氏は、高校卒業後上京、音響技術専門学校に進み、卒業後は音のプロとして東京で働いていました。そんなある日、父・慎輔氏が癌に倒れたと知らせが入ります。予断を許さぬ状況と聞き、急ぎ帰郷。平成六年（一九九四）、二四歳のことでした。ところがその後、慎輔氏は快復。元気になった父を見て「帰ってくるんじゃなかったよ」と笑うようになった頃には、すっかり酒造りの虜《とりこ》になっていました。

純米酒や吟醸酒の台頭を受け、浩輔氏は普通酒以外の銘柄を主軸に

（右）蒸気が立ち上る蒸米をもみほぐす蔵元杜氏・有澤浩輔氏。（左）瓶燗火入れののち冷却、氷温で保存する。蔵元夫人・有澤綾氏

した酒造りをめざし、「文佳人」の復活に踏み切ります。ラベルも酒質も一新した「文佳人」の誕生です。ところが、地元では「アリサワ＝安酒《やすざけ》」のイメージが強く、苦戦を強いられます。地元での販売に限界を感じた浩輔氏は、販路を東京に求めたのでした。狙いは当たり、洒脱な酸が撥《は》ねの良さを演出するクールな香味に生まれ変わった「文佳人」は、少しずつ評価を高めていきます。

　浩輔氏は次々とアイテムを増やし、平成二二年（二〇一〇）醸造年度に、夏の純米吟醸を発表します。その名も「文佳人 夏純吟」。

　手拭いをイメージしたラベルには、「へんぱいじじぃ」「いごわらし」「なみなみ」……いかにも土佐らしい名のちっとも怖くないお化けが踊ります。縁日で飲むラムネのように清涼感あふれる「文佳人 夏純吟」は、心に元気をチャージしてくれるよう。愛らしく、ヴィジュアルも中身も夏にぴったりのこの酒は、今やアリサワの大黒柱となりました。

　そのアリサワをちゃきちゃきと切り盛りするのが、五代目夫人・綾氏です。

「お嫁に来る前は、奥様らしく優雅に過ごせるのかと思っていました。が、現実はやること多すぎ！電話番からラベル貼り、出荷、営業、果ては酒造りまで、とにかく何でもやらないと会社が回らない。最初は忙しさに頭がついていかず、蔵の隅で一人泣いたり、箱に八つ当たりしたり。そのうち真剣に

考えすぎると倒れそうになるので、鈍感になりました！」さばさばした明るい声に乗って、屈託なく話は続きます。

「すごく残念なことに、うちは土佐山田の駅前にあって、高知市からもアクセスがいいのに、県下では本当に知られていない。いつか、土讃線の車内アナウンスで『次は〜土佐山田〜文佳人のアリサワ前で〜す』と言わせてやる！」。その時々の夢を明日へ踏み出す力に変え、くるくると働きまわる綾氏は、蔵のムードメーカー。蔵人たちが気持ちよく働けるよう、さりげなく心を配ります。

土佐では、快活で気立て良く、男勝りの女性を「はちきん」といいます。働き者で敏腕なはちきんは重宝がられ、隣の愛媛では「高知から嫁をもらえ」というくらい。綾氏は、まさにその典型です。

独身の頃、初めて飲んだ「文佳人」に衝撃を受け、どこへ行ってもその美味しさを語るうちに、ついには造り手の浩輔氏と出逢い、平成一七年（二〇〇五）に結婚。「酒蔵に嫁がなかったら何をしていただろう？　考えてみたのですが、まったく思い浮かばない！　私には、この人生しかない」。

蔵元杜氏である夫を、陰に日向に支える綾氏は、夫を同志のように思うとか。

「私にはこの人生しかない」。強い決意がどんな時も、前を向かせます。遠来の波打ち寄せる土佐の国。ここには、酒蔵に飛び込んだはちきんの、決意の花が咲いています。

株式会社アリサワ
主要銘柄「文佳人」

住　所：高知県香美市土佐山田町西本町 1-4-1
電　話：0887-52-3177
アクセス：JR 土佐山田駅から徒歩約 1 分
U R L：なし

からっ風とかかぁ天下

浅間酒造《あさましゅぞう》「浅間山《あさまやま》 辛口純米《からくちじゅんまい》」

日本一短い鉄道トンネル、大きな岩の塊、しぶく滝や、渓にかかるいくつもの橋……。木造の駅舎も、八百有余年もの間そこにあった熱い湯口も、八ッ場《やんば》ダムの建設によって地図から消えてしまいました。吾妻《あがつま》渓谷と川原湯《かわらゆ》温泉。沈みゆく集落にかつてあった暮らしは、緑の眩しさに目を細め、真っ赤に燃える木々に心を染め、音もなく積もる雪のなか春を待つ、美しい山水の景色に彩られたものでした。

群馬県吾妻郡《あがつまぐん》長野原町《ながのはらまち》。没することを運命づけられた集落から、国道一四六号線を西へ向かって走ります。この道は、日本ロマンチック街道と呼

ばれる栃木・日光と信州・上田を結ぶ三二〇キロの道で、長野原町の区間は、道の両サイドに温泉町や渓谷、博物館や高原などをちりばめた美しいドライブロード。晴れた日の昼間は、迫力ある浅間山がフロントガラスに迫ります。

浅間酒造は、明治五年（一八七二）、櫻井傳三郎《さくらいでんざぶろう》が、長野原町大津に酒造業を起こしたことを始まりとします。当時の主要銘柄は「櫻川《さくらがわ》」、明治六年（一八七三）の製造石高は一〇〇石であったそうです。ところが、明治四二年（一九〇九）九月、灯籠《とうろう》の火から出火し、蔵は全焼してしまいます。そこで、長野原町長野原に移転することになったのでした。傳三郎が、長野原町の初代町長に就任したのもこの年です。

蔵に併設する観光センターでは酒の試飲ができるほか、大吟醸ソフトや酒粕入りウインナーなどの販売も

火災による全焼をものともせず、順調な発展を続けてきたこの蔵は、三代目傳次の時代の昭和三九年（一九六四）、「草津白根観光ホテル（現・草津白根観光ホテル櫻井）」の創業を機に、観光事業も起こします。これによって、酒を土産物とした観光施設での消費者への直接販売が始まりました。

「小売りを始めたことによって、遠方から訪れた観光客に認知してもらえるようになりました。何でもないように見えて、これはとても大きな出来事です。旅先からそれぞれの地元へ持ち帰られた酒が、他地域の方の目に触れることになったのですから」と、五代目・武氏は語ります。

現在、主要銘柄を「秘幻《ひげん》」としているこの蔵に、近年「浅間山」という新しい銘柄が加わりました。武氏が生み出した浅間酒造の新

平成10年（1998）に新設された第2工場。コンピュータによる徹底した酒質管理のため最新機器を導入

しい顔です。「私が大学生のころ、世の中は焼酎ブームの真っ只中。どうしたら日本酒を口にしてもらえるだろう。焼酎は辛《から》いよなあ、だったら辛口でキレのある酒を造ったらいいんじゃないかな」と考え、漠然とした企画のもと、試験醸造を始めたといいます。

ところが、焼酎と日本酒の辛さはまったく別のものだと早々に気づかされます。ただ辛いだけではなく、純米酒ならではの旨味も楽しめるようアルコールとエキス分のバランスに配慮され、香りと甘みが主張しすぎない、食事と一緒に楽しめる酒が完成したのは平成一七年（二〇〇五）のことでした。

「浅間山　辛口純米」のラベルの文字をよく見ると「山」という字から煙をあげています。山容をよく表したデザインだと誉《ほ》める私に、「最近、日本各地で様々な山が噴火していますから、被害を受けられた方を思うと不謹慎ではないかと思うときがあります」と、表情をくもらせる武氏。活発そのものの風貌に思いやりが見え隠れします。

「代々、地元に貢献することと地元に感謝する気持ちを決して忘れてはいけないと口授されてきました。だから、皆さんに喜んでいただけるような、一つずつでもいい、笑顔を増やしていけるような酒を造りたいと思っています」。

隣接する新潟県には越後、長野県には小谷《おたり》、諏訪、飯山と、三つの杜氏の流派があります。群馬県は独自の流派を持ちませんが、武氏は「うちは浅間杜氏です」と笑顔を見せます。蔵人たちは皆、地元の人たち。「お客様の喜びのため、前を向いて楽しく醸そう」が合言葉だそうです。また「酒を搾ったらそれで製造は終わりではなく、搾ってから出荷するまでもが製造の技術。『浅間杜氏』による酒造りは、造った者が貯蔵・出荷管理を行うことができるという大きな利点があります」とも。

観光業を始めた三代目・傳次氏、兵庫県産・山田錦を群馬県で最初に使った四代目・芳樹氏、今まで販路を持たなかった全国の専門小売店との取引を始めた五代目・武氏。それぞれの代で、それぞれの考える発展を形にすることに一生懸命になる。それが櫻井家の家風なのでしょう。

「観光施設で観光客から指名されるだけでなく、全国の消費者から愛され、指名されるような銘柄に育てていきたいと思っています。もっと精進しなければいけません。まだまだ、一番有名な群馬名物は〝からっ風とかかぁ天下〟ですからね」。

しんしんと冷える長野原の冬、甑《こしき》が据えられ米が入り、蒸米の作業が始まります。甑起こしと呼ばれる日は、酒造りの始まりの日。立ち込める湯気の向こうにお互いの姿を確認する蔵人たちの顔には、緊張と安堵の色が共存します。勢いよくあがる湯気は、煩悩をかき消すように朝の空気を真っ白に覆い、皆に、その年の作業の無事を祈らせるのでした。

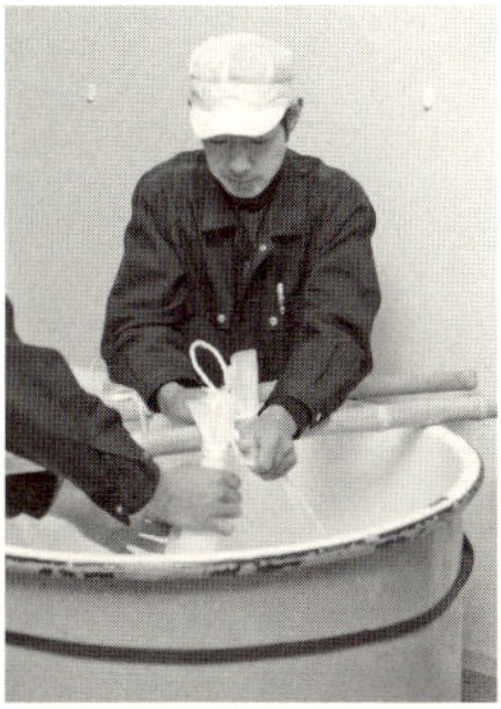

つるしの工程。熟成した醪（もろみ）を小さな袋に入れてつるし、自然に滴り落ちたしずくが酒になる

浅間酒造株式会社

主要銘柄 「秘幻」「浅間山」

住　所：群馬県吾妻郡長野原町長野原1392-10

電　話：0279-82-2045

アクセス：JR 長野原草津口駅から徒歩約 15 分

U R L：http://www.asama-sakagura.co.jp/

薔薇色の人生

大澤酒造《おおさわしゅぞう》「明鏡止水《めいきょうしすい》 La《ら》 vie《ゔぃ》 en《あん》 Rose《ろーず》」

ゆるやかな傾斜を描く道幅の狭い通りは、白壁と水路に縁どられ、歌うように流れる水の音が、旅の酒徒の鼓膜をころころと震わせます。川の多い東海道を避けた女人《にょにん》が旅の道としたことから、姫街道の異名を持つ中山道《なかせんどう》。その宿場町、茂田井《もたい》宿《しゅく》は間宿《あいのしゅく》と呼ばれる旅籠《はたご》を持たない休息所でした。清水と米に恵まれたこの地は、古くは、水や酒を入れる器を意味する甕《もたい》と記されたといいます。

長野県佐久市茂田井《さくしもたい》。重なり合う甍《いらか》、連なる格子、大小の土蔵……。細く曲がりくねった旧街道をはさむように建ち並ぶ家々のなかに、風雪に耐えた幾年《いくとせ》を物語るかのような堂々たる家屋。

「明鏡止水《めいきょうしすい》」醸造元・大澤酒造です。家紋が丸に蔦《つた》だったことから屋号は蔦屋。創業元禄二年（一六八九）、大澤市郎右衛門が酒造りを始めました。

蔵からほど近い、雨乞いの神として崇拝される神明社が、その由緒に「宝永六年（一七〇九）に茂田井村初代名主であった大澤茂右衛門が願主となり建立された」と記していること、この蔵の白壁の上塀《うわべい》が続く敷地のはずれに「茂田井村下組高札場跡」と記されていることから、大澤家が長く名主を務めていたことがうかがえます。

三百有余年の歴史のなかで、この蔵はいくつもの試練を乗り越えてきました。「昭和一六年（一九四一）、統制経済下において酒造りを断念せざるを得なくなりました。当主であった一二代・達雄は、蔵家屋を利用して軍隊の水筒の栓を造る木工の軍需工場を経営しようと設備を整えたのですが、昭和一九年（一九四四）に出征、フィリピンに送られたそうです」。語り手は一四代蔵元・大澤真《まこと》氏です。

戦中の軍需工場と家は、達雄の弟で社会科の教員をしていた洋三が守っていくことになります。この頃、蔵の酒桶は地中に埋められ防空壕となっていたそうです。達雄がフィリピン・バギオ付近の山中で戦死していたことがわかったのは、終戦の翌年のことでした。

当主を亡くした大澤家に、財産税法の制定や農地改革といった戦後の法改正が容赦なくのしかかります。山林を売り、農地を解放し、先祖代々伝わる骨董はもちろん、ついには酒桶や酒樽までも売り払

中山道沿い、杉玉が軒先に下がる大澤酒造。
正面には浅間山

酒造期。米を蒸す湯気が真っ青な空に
雲のように広がる

うほどに没落の一途をたどる大澤家。このとき、疲弊した一家の精神的支柱となった女性《ひと》、それが一一代目夫人・勢起《せき》です。家の存続と酒蔵の復興を願い、見守り、明治、大正、昭和を生き抜いたこの女傑の名は、酒銘のひとつとなって今なお生き続けています。

昭和三〇年（一九五五）、大澤家は酒造免許を取り戻します。一三代・進、このとき二六歳。一家の再興をかけた酒造業の再開は、莫大な借金を背負った、伸るか反るかの大博打《おおばくち》であったと聞きます。激動の時代に青春期を過ごしたことが進の豪胆さと生きる力を作り上げたのでしょうか。造り酒屋としての長い歴史と名声にも助けられ、運命を賭したこの勝負に進はみごと勝利をおさめます。大澤家は復活を遂げたのでした。

「大吉野《おおよしの》」「善光寺秘蔵酒」「信濃のかたりべ」「勢起」など、たくさんの酒銘を掲げるこの蔵の主要銘柄は「明鏡止水」。邪念なく澄んだ心境で酒を醸したいという真氏の思いから、平成三年（一九九一）に生まれたブランドです。酒銘のとおり、曇りなく澄んだ香味を持つこの酒は、それまで古酒で名を馳せてきた大澤酒造の新たな未来を拓く扉となったのでした。

そして、平成五年（一九九三）、五つ年下で東京農業大学醸造学科の後輩でもある弟・実《みのる》が蔵入り。仲の良い兄弟の「自分たちが造りたい酒を造る」をコンセプトに大澤の吟醸酒の躍進が始まります。

平成二三年（二〇一一）、この蔵は、「La《ラ》 vie《ヴィ》 en《アン》 Rose《ローズ》」と名付けられた酒を発表します。ラベルには、赤白の二色で描かれたエッフェル塔とシャンソン歌手エディット・ピアフ。一升瓶じゃなかったら、まず酒と思うことはないヴィジュアルです。

「ある日、唎《き》き酒会で『ふだん日本酒は飲まないの。だってアルコール度数が高いでしょ。飲みにくくて』とおっしゃる女性に遭遇しました。前々から、日本酒が敬遠される理由のひとつにアルコール度数の高さがあげられると思っていた私は、米の味わいをやさしいヴォリュームで表現した透明感のある低アルコール酒を造ろうと思い立ったのです」。製造を担当する実氏は言葉を継ぎます。「日本酒を飲まない方にも、楽しい日本酒ライフを提供したいと願いを込めて『薔薇色の人生』と名付けました。ラベルデザインは、素敵な街《シーン》に溶けこむ酒でありたいと願っての発想です」。透きとおったやさしいボディに綺麗な酸を閉じこめた「La vie en Rose」。不安や苦しみがスゥーっと消えて幸せがやってくる、心ときめく酒の誕生でした。

空にまだぼんやりと星がともる冬の朝、温度計はいつものように氷点下を指します。兄弟二人がっちりと肩を組んで歩むこの蔵は、盛衰のなかに生きた先人たちの悲喜を強く心に刻んでいるからこそ、幸せを呼ぶ本当に旨い酒造りを続けているのかもしれません。

醪（もろみ）を仕込む。櫂（かい）を入れるのは、大澤実杜氏

大澤酒造株式会社

主要銘柄「明鏡止水」

住　所：長野県佐久市茂田井 2206
電　話：0267-53-3100
アクセス：しなの鉄道 小諸駅から車で約 25 分、JR 佐久平駅から車で約 25 分・バス約 40 分 茂田井入口停下車
U R L：なし

小粋に口説かれて

井上合名会社《いのうえごうめいがいしゃ》「三井の寿《みいのことぶき》 イタリアンシリーズ《いたりあんしりーず》」

美田というのはこういう田を言うのでしょう。すっきりと四角く区切られた田に穂丈の揃った稲がどこまでも続く心広がる景色。この町は、目の前の田を見ただけで一生分の目の保養をしたように思ってしまうのです。福岡県三井郡《みいぐん》大刀洗町《たちあらいまち》。見わたす限りののどかな田園地帯に、旧・日本軍の大刀洗飛行場があったことはもうみんな忘れてしまったようです。

古くは南北朝時代、宮方の猛将・菊池武光が血まみれの刀を山隈原《やまぐまばる》に流れる小川で洗ったところ、鋸《のこぎり》のように刃こぼれした刀から血が落ち、川の水が真っ赤に染まったことか

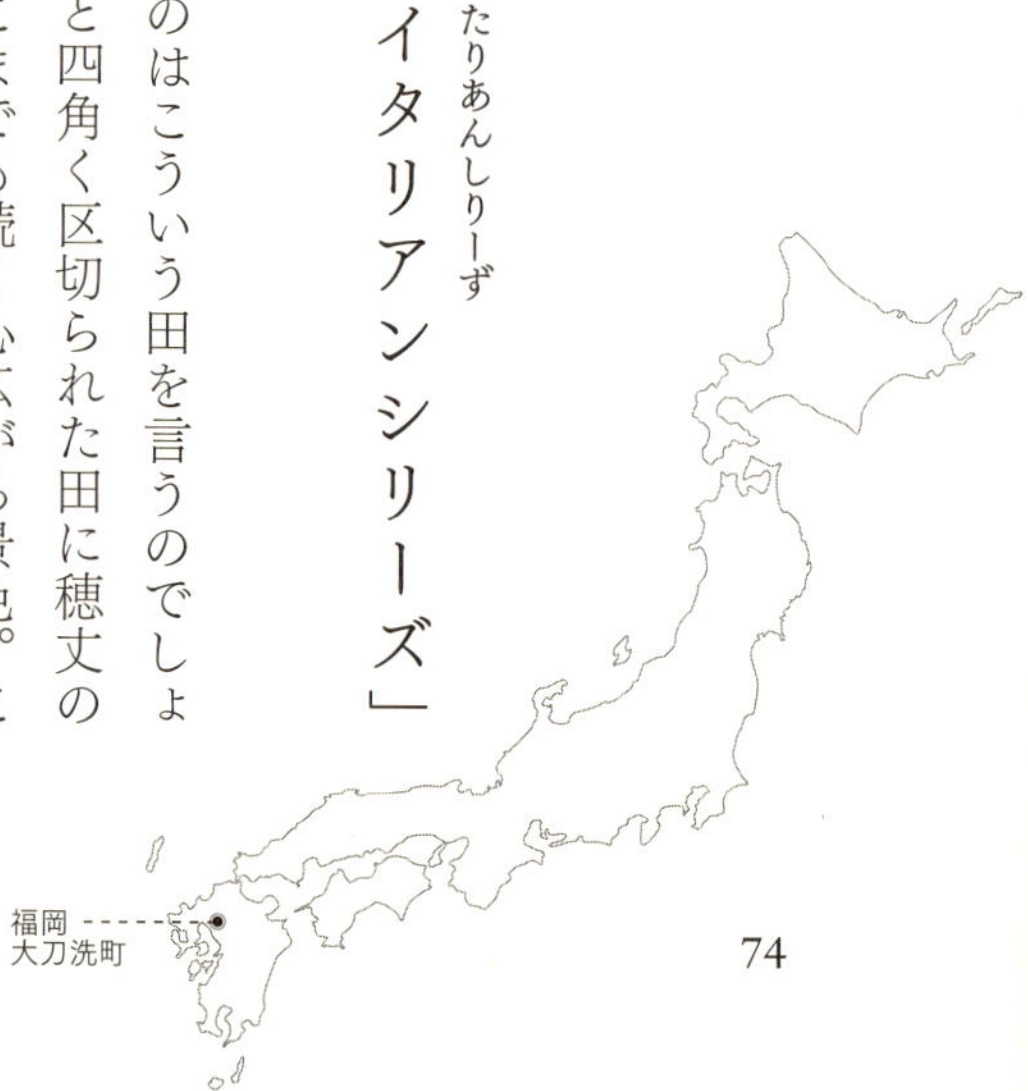

ら大刀洗となったそうです。明治二二年（一八八九）、町村制が発足したとき、村が「太刀洗村」と申請していたにもかかわらず、官報に「大刀洗村」と掲載されてしまったため、大刀洗と「、」を打たない地名になってしまいました。「、」がないことに居心地の悪さを感じる人も多いのか、現在「太」と「大」の二種類の表記が混在します。

血塗られた歴史を草木の下に閉じ込めた筑後の穀倉地帯に、大正一一年（一九二二）井上合名会社は創業します。主要銘柄は「三井《みい》の寿《ことぶき》」。三井郡の由来にもなった、古くから伝わる三つの湧き井戸から命名しました。現在の当主は三代目・井上茂康氏。蔵は二人の息子、兄・宰継《ただつぐ》氏と弟・康二朗《こうじろう》氏が力を合わせて牽引しています。

福岡の都心部から車で１時間ほど。水が豊富な町の、小石原川のほとりに建つ蔵

現在、井上合名会社の製造割合は、純米酒が九九％以上、残りの一％未満は新酒鑑評会出品用の大吟醸。純米酒を指定する人が多くなったとはいえ、日本全体で流通する日本酒のかなりの割合を、普通酒が占めています。そのなかで、純米酒を商売の柱に転換するのは酒蔵にとって相当の覚悟がいることですが、井上合名会社は今から約三〇年前、普通酒全盛期に純米酒路線にシフトチェンジしたのです。

九州の酒蔵のなかでもいち早く東京市場を開拓し、「美田《びでん》」ブランドと「三井の寿」ブランドで異なる展開を繰り広げ、酒徒たちを虜《とりこ》にしています。

そのラインナップに、酒の中身をみごとなまでにヴィジュアライズした「三井の寿　イタリアンシリーズ」があります。その小粋なラベルは、日本酒に興味のない人の目をも奪い、ついには飲み終わった一升瓶からラベルをはがす人まで続出。酒質にぴったり合ったラベルデザインは、ただ画期的なだけでなく、コンセプトをすべて収めていたからこそ、評価を高めたことは間違いありません。

二一世紀の酒造りは、化学と情熱だけでなくセンスを要求されることが多くなったように思います。酒造工程自体は江戸時代からおおむね変わらないものの、酒造家たちは緻密な計算のもと細かに起こす化学変化によって、異なる香味に仕上げていきます。そんななか「イタリアンシリーズ」では、ラベルに四つ葉のクローバーやセミ、てんとう虫やキノコをメタルカラーでぴかりと光らせ、新たな日本酒ファンの入口となるように展開させています。それはまるで、大河ドラマのストーリーを組んでいるかのようです。

「三井の寿 イタリアンシリーズ」は季節に応じ、変化するラベルと味が楽しみ

「平成二〇年（二〇〇八）に夏酒を造るのに、当時、福岡で開発されたばかりのふくおか夢酵母3号というリンゴ酸高生産の酵母を使ってみようと思い立ちました。酒銘は、夏といえばセミだなってことで、前から考えていたイタリア語のラベルで出すことにしたのです。それが〝チカーラ〟。この蔵の四代目となる井上宰継専務は語ります。

「まずワインユーザーを意識しました。ラベルにはあえて何も書かず、白ワインのような酸を出し、ワイン好きの人にも好まれる酒質を目指したんです。日本酒初心者に飲んでもらおうと、このシリーズは渋みや苦味の出ない、とにかく飲みやすい酒質をめざしています」。そして狙ったターゲットは、バッチリこっちを向いてくれたのです。

「クアドリフォリオ」は、春のシロツメ草の花畑をイメージして香り高いうす濁りの酒を。「チカーラ」は木にとまるセミをイメージして、夏なのにあえて青や透明でなく茶瓶で。9号酵母で仕込まれた「コチネレ」は香りが抑えられ、よりコハク酸を多く感じます。真夏に出荷される少し大人びた印象のこの酒は、てんとう虫のラベル。「クアドリフォリオ」の葉っぱのすみについていたてんとう虫を大きくして、春出しの生酒より大人になった味であることを表現しました。「ポルチーニ」は日本の松茸と同じくらい香りの高いキノコなので秋に。そして「ネーベ」は雪という意味、開けるのに苦労するくらいの活性濁り酒にしました。どの酒にも共通するスレンダーな酸とほどよく立つ香りは、イタリアの伊達《だて》男みたい。五種類を毎年出します。

「クアドリフォリオとポルチーニは同じお酒で、春はうす濁りの生酒ですが、濾過して火入れして、冷やおろしになるとこんなに味が落ち着いてきますよ。コチネレも、同じ酒米・吟のさとを六〇%に精米していますが、酵母が違うだけでこんなに味が変わるんですよ」と、日本酒ビギナーにも説明しやすい仕様なのです。

季節ごとに異なる酒に、口説かれてみる——そんな大人の楽しみを、もってみてください。

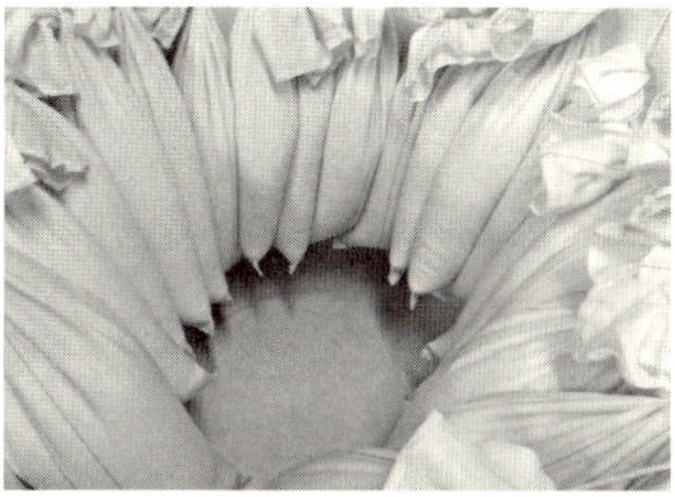

雫搾り。吊した酒袋からゆっくりと酒が滴り、雑味の少ない味わいに

井上合名会社

主要銘柄「三井の寿」

住　所：福岡県三井郡大刀洗町栄田 1067-2
電　話：0942-77-0019
アクセス：西日本鉄道 大堰駅から徒歩約 15 分
U R L：なし

酒の道具 酒の器

酒を取りまく道具たち。時代につれて素材は変われど、今も現役で使われるものが数多くある。一方、酒器は、暮らしの多様化とともに多彩になり、様々な材質や形状によって酒徒たちを愉しませている。

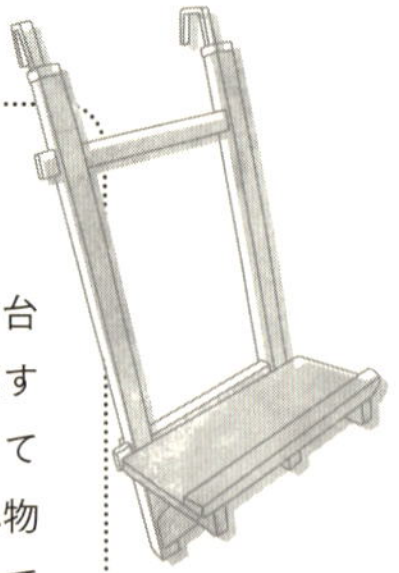

カンラク

物を乗せたり担ぐ時の台として使用。酒米を蒸す釜などの縁に引っかけて固定し、下の台に容れ物を乗せるなどして使っていた。「半役」ともいう。

暖気樽《だきだる》

酒母の入ったタンクに投入する樽。酵母の働きを活性化させるため、これに熱湯を入れて投入し、タンクの温度を上げる。昔ながらのものは杉材で作られている。

麹蓋《こうじぶた》

麹づくりの際に使われる木製の容器。重ねると下の器に対して蓋《ふた》になる。適度な通気性がある杉材の柾目《まさめ》が使われ、一つにつき一升分の蒸し米が入る。

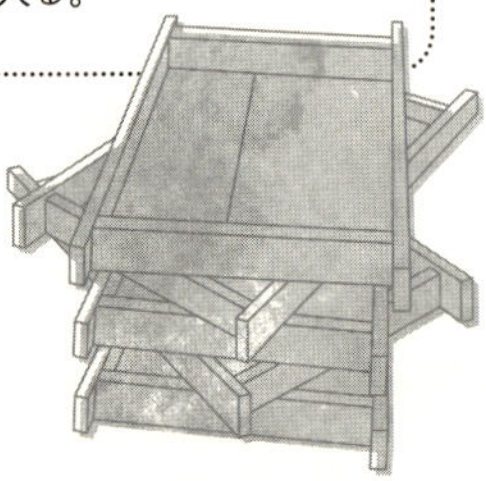

米かき

米粒を割らないよう丁寧に洗い上げた米は水を含ませた（浸漬）後、甑《こしき》に入れて蒸し上げる。その際に米を均一にならすために使われる。

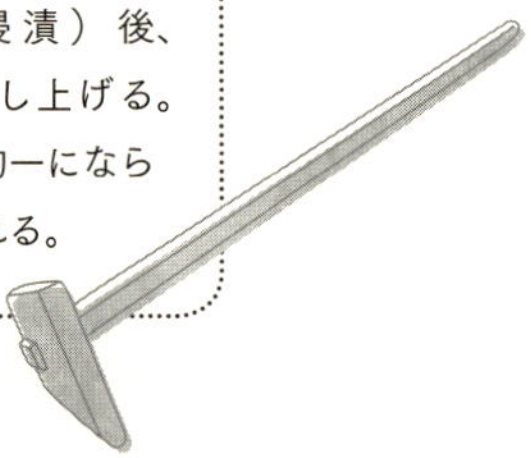

飯《めし》ダメ

甑で蒸し上げた酒米を運ぶための木桶。麹づくりや仕込み用などに使う大量の蒸し米を入れ、肩に乗せて作業場に移動させる。

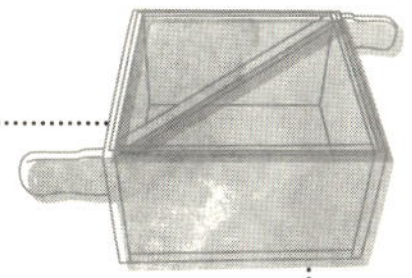

斗升《とます》

酒米の計量器。この容器に米を入れ、すり切り1杯分である一斗を計った。木製の箱の上に鉄の枠をはめ込んでいるのは、より正確に計量できるよう工夫したもの。

菰樽《こもだる》

祝いの席などで行われる「鏡開き」に欠かせない、縄がけされた酒樽。鏡と呼ばれる平らで丸形の蓋《ふた》を、木槌で割って酒を酌み交わす姿でおなじみ。

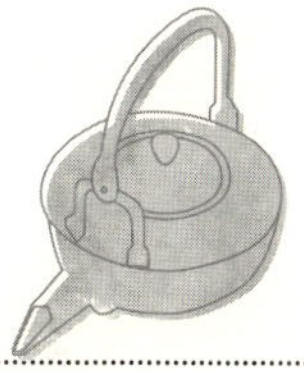

酒器

磁器、陶器、漆器、グラス、錫器《すず》……酒を楽しむための名脇役といえる酒器。かつては大きな盃で回し飲みすることが多かったが、現在のような小ぶりなサイズになり、徳利や銚子が登場し始めたのは、江戸時代中期頃からだといわれている。またこの頃から、酒に燗《かん》をして飲む風習が広まっていったようだ。

押さえておきたい！

日本酒の分類名

吟醸、大吟醸、純米酒、生酒、あらばしり…日本酒のラベルに見られる表記は実に多種多様。これらは原料や造り方などによる違いを示しますが、その分類名には大きく分けると二パターンがあります。①国が定めた「清酒の製法品質表示基準」に基づく分類名（特定名称酒、全八種類）。②加熱処理や搾る時期・方法などによる分類名

①国が定めた分類名【特定名称酒】

◆吟醸酒……精米歩合《せいまいぶあい》六〇％以下の米、米こうじ、水そして醸造アルコールを原料とする。「吟醸造り」とよばれる方法で醸され、「吟醸香」という香りが特徴。精米歩合が五〇％以下になると「大吟醸酒」と名乗れる。この精米歩合を守り、醸造アルコールを添加しない場合は、「純米吟醸酒」「純米大吟醸酒」となる

◆純米酒……米、米こうじ、水だけを原料とし、醸造アルコールを添加せずに醸される酒。豊かな旨みやコクが感じられる米の風味を生かしたものが多い

◆本醸造酒……精米歩合七〇％以下の米、米こうじ、水、醸造アルコールが原料

※精米歩合＝米の表面を削りタンパク質などを取り除くこと。収穫した米の重量を一〇〇％とし、残った分を表記する

※吟醸造り＝精米歩合の低い米を低温でゆっくり発酵させ、粕の割合を多くして醸すことなどを指す

＊特定名称酒以外を一般に、「普通酒」と呼ぶ

■特定名称酒

	名称	精米歩合	醸造アルコール添加※	吟醸づくり
吟醸酒《ぎんじょうしゅ》	吟醸酒	六〇％以下	あり	あり
	大吟醸酒	五〇％以下	あり	あり
純米酒《じゅんまいしゅ》	純米吟醸酒	六〇％以下	なし	あり
	純米大吟醸酒	五〇％以下	なし	あり
	純米酒	―	なし	なし
	特別純米酒	六〇％以下又は特別な製造方法（要説明表示）	なし	なし
本醸造酒《ほんじょうぞうしゅ》	本醸造酒	七〇％以下	あり	なし
	特別本醸造酒	六〇％以下又は特別な製造方法（要説明表示）	あり	なし

※醸造アルコールの使用量は白米の重量の一〇％以下に制限

②加熱処理や搾る時期・方法などによる主な分類名

◆生　酒……日本酒は通常出荷するまでに二回の加熱殺菌（火入れ）をするが、この火入れをせず醪《もろみ》を搾っただけの酒。かつては酒蔵でしか味わえなかったフレッシュなおいしさがある

◆生詰酒……搾った酒を加熱殺菌してから貯蔵。瓶詰めの際は加熱殺菌せず出荷する酒

◆生貯蔵酒…搾った酒を低温で貯蔵し、出荷時に一度だけ加熱殺菌した酒。フレッシュな味わいがある

◆あらばしり…酒に圧力をかけて搾る前に、醪自らの重みでチョロチョロと流れ出た酒を詰めたもの

◆中取り……あらばしりの後に出てくる、透明な酒のこと。香味のバランスがとれているのが特徴

◆責　め……中取りが出終わった後、酒袋に圧力をかけて搾り出したものを指す

◆にごり酒…醪を目の粗い布などでこしただけの、白く濁った酒

◆冷やおろし…本来は冬に仕込んだ酒を夏越し（貯蔵）させて秋、蔵内の温度と外気温が同じになった頃、生詰めで出荷される酒だった。現在は、秋に出荷する酒をこう呼ぶことが多い

杜氏屋

貼札型録

酒の顔「ラベル」は
書体、図柄、材質など
実にバリエーションに富んでいて
眺めてるだけでも胸が躍ります。
日本酒バー「杜氏屋」を開いて以来
20年の間に蓄えてきたコレクションから
そのほんの一部をご紹介しましょう。

西本酒造場「美人長《びじんちょう》 笑《えみ》」（鳥取県鳥取市）

ラベルは、墨彩画家・三津野明《みずのあきら》氏の作品「天女の微笑み」。零《こぼ》れるような笑顔をまとった酒。小さい方のラベルは箱入りの大吟醸で、贈答品によく使います。現在は奈良豊澤酒造が醸造を手がけ、販売を西本酒造場が行っています。

今はなきあの一瓶

蔵の廃業や銘柄の販売終了などで今は入手不可の酒。貼札のみがその記憶を呼び覚ます。

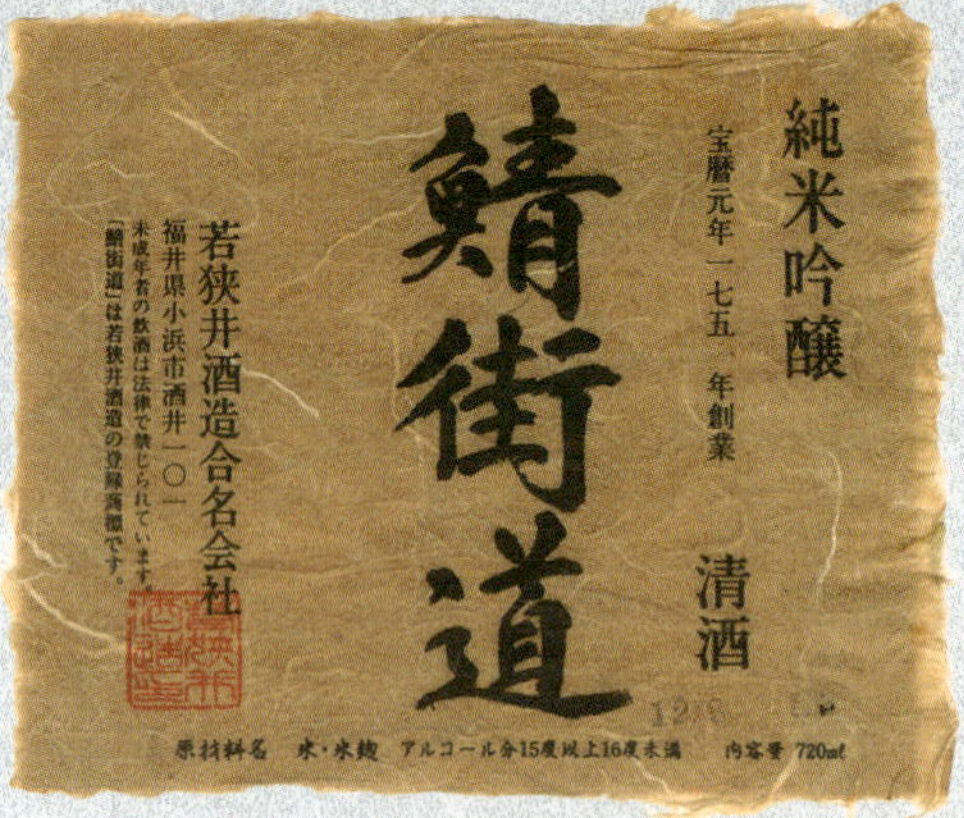

若狭井酒造「鯖《さば》街《かい》道《どう》」
（福井県小浜市）

宝暦元年（一七五一）創業のこの酒蔵も、今はありません。「鯖街道」と書かれた絹の袋に一本ずつ入っていたのですが、その袋はすべて差し上げてしまい手元には残っていません(泣)。

澤田本倉「勝《かち》杯《はい》」
（愛知県常滑市）

澤田儀左衛門が江戸期に創業した澤田酒造総本家・本倉で造られていた銘柄だそうです。本倉は、知多の酒造りを牽引しながらも明治期には廃業。

小幡酒造「灘《なだ》の花《はな》」
（滋賀県東近江市）

戦後、統制経済が解かれあちこちで酒蔵が復活し始めた頃。中澤・原田両酒造が共同で立ち上げた小幡酒造が、卸問屋・国分商店（現・国分株式会社）のプライベートブランドとして造ったもの。

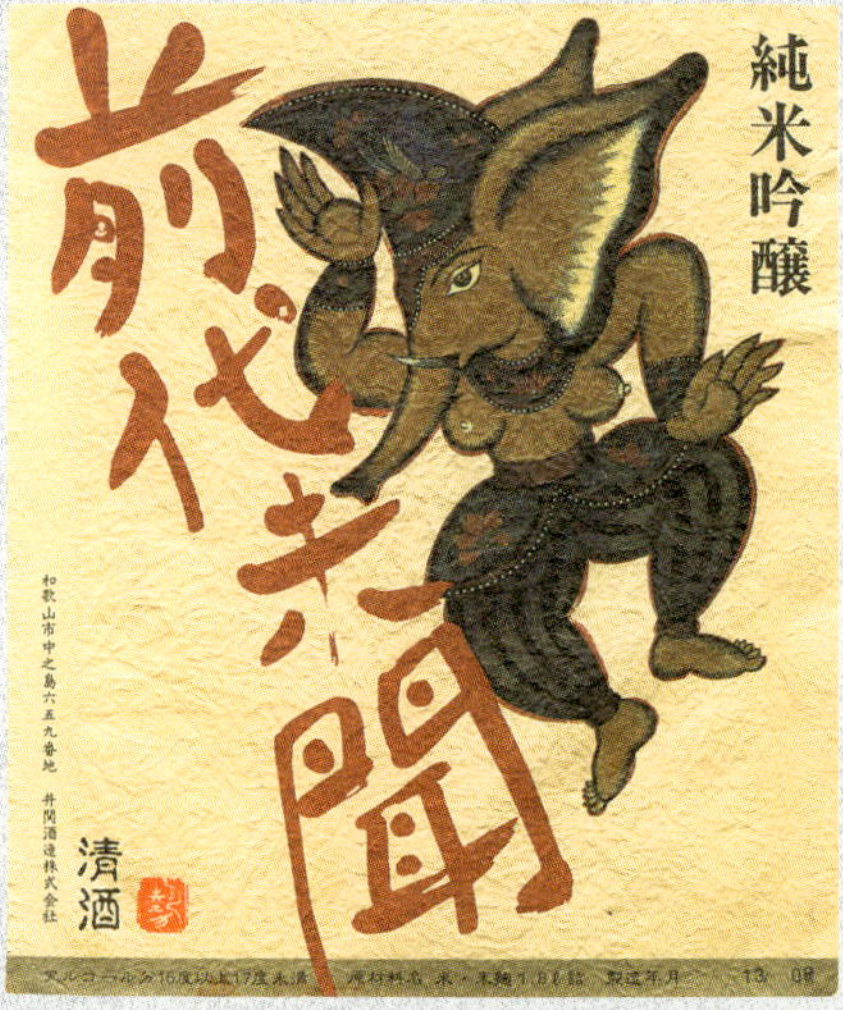

井関酒造「前《ぜん》代《だい》未《み》聞《もん》」
（和歌山県和歌山市）

一九九〇年代前半、総仕込み量の九割が純米仕込みという先駆け的な挑戦を重ねた酒蔵。道楽と紙一重と言われるほどの情熱を酒造りに注いでいた蔵でした。平成一七年（二〇〇五）に廃業。

秋鹿酒造（一二六頁）「八福人《はちふくじん》」（大阪府豊能郡能勢町）

七人の福の神に、お酒の神様を加えて八福神！ 帆柱の上の陽気な酒盛りは、酒は人生の潤滑油だと言わんばかり。愉快かつおめでたいこのラベル、お正月だけでも復活させてほしい！

亀岡酒造（現・千代の亀酒造）「水曜日《すいようび》の朝《あさ》」（愛媛県喜多郡内子町）

「銀河鉄道」で有名な亀岡酒造が仕込んだ、とある酒販店用のプライベートレーベル。数年前、この酒販店が廃業したため姿を消しましたが、清々しい香味とラベルがピッタリのお酒でした。

平井八兵衛（現・平井商店 一二四頁）「ホウライ マサムネ」（滋賀県大津市）

創業約三五〇年といわれる平井商店の資材置き場から発見されたもの。大手酒造メーカーを思わせる響きのある、昭和三三年（一九五八）以前に造られていた銘柄です。

澤田酒造（一四六頁）「瑤春《ようしゅん》」（愛知県常滑市）

薄墨にのせられた文字は〝白く美しい玉〟という意味の「瑤」と、中国で酒の意を持つことがある〝春〟。本当に綺麗な酒銘で、書も美しい！ いつか復活させてくれるといいな。

今もときめくデザイン

その味はもちろん、見た目も楽しめる日本酒。さまざまな趣向から蔵元や杜氏の思いが偲べる。

村重酒造「協会八號酵母《きょうかいはちごうこうぼ》」
（山口県岩国市）

多酸かつ濃潤な仕上がりが時代にマッチせず、昭和五三年（一九七八）にお蔵入りした「きょうかい8号酵母」を、約四半世紀の眠りから呼び覚まし、再び現役酵母としたのは、この蔵の日下信次杜氏。

平喜酒造「鯨正宗《くじらまさむね》」
（岡山県浅口市）

もとは正義櫻酒造が平成一一年（一九九九）、創業一八〇年を記念し、創業時の酒銘を復活させたラベル。かつて瀬戸内海で捕鯨が行われていたことが偲ばれます。現在は商標を引き継いだ平喜酒造で造られています。

宇都宮酒造「花宝《かほう》」
（栃木県宇都宮市）

くっきりと丁寧な輪郭を表す桜は、黒のボリュームが多いにもかかわらずとても可愛らしい。家宝のように大切にされていることが伝わってくるネーミングです。

上原酒造（五二頁）「浮世御家《うきよごけ》ごろし」
（滋賀県高島市）

天秤搾りで有名な上原酒造の希少ラベルです。〝後家〟じゃなくて〝御家〟のところや、さらりと書かれた唄がおかしみを誘う粋なお酒です。

秋鹿酒造（二六頁）
「秋鹿《あきしか》純米《じゅんまい》大吟醸《だいぎんじょう》
復古版《ふっこばん》」
（大阪府豊能郡能勢町）

通称「レトロ」と呼ばれるお酒。大正七年（一九一八）に、初代・奥鹿之助が登録したものをできる限り忠実に再現したもの。しなやかに山を駆ける鹿と紅葉が、美しい鄙の里・能勢を思わせます。

府中誉「太平海《たいへいかい》」
（茨城県石岡市）

繊細なラインと淡い色彩にのせたレトロな絵柄、中央に躍る力強い文字。年四回の限定販売銘柄です。「府中六井」といわれる、筑波山系の湧水で醸されます。

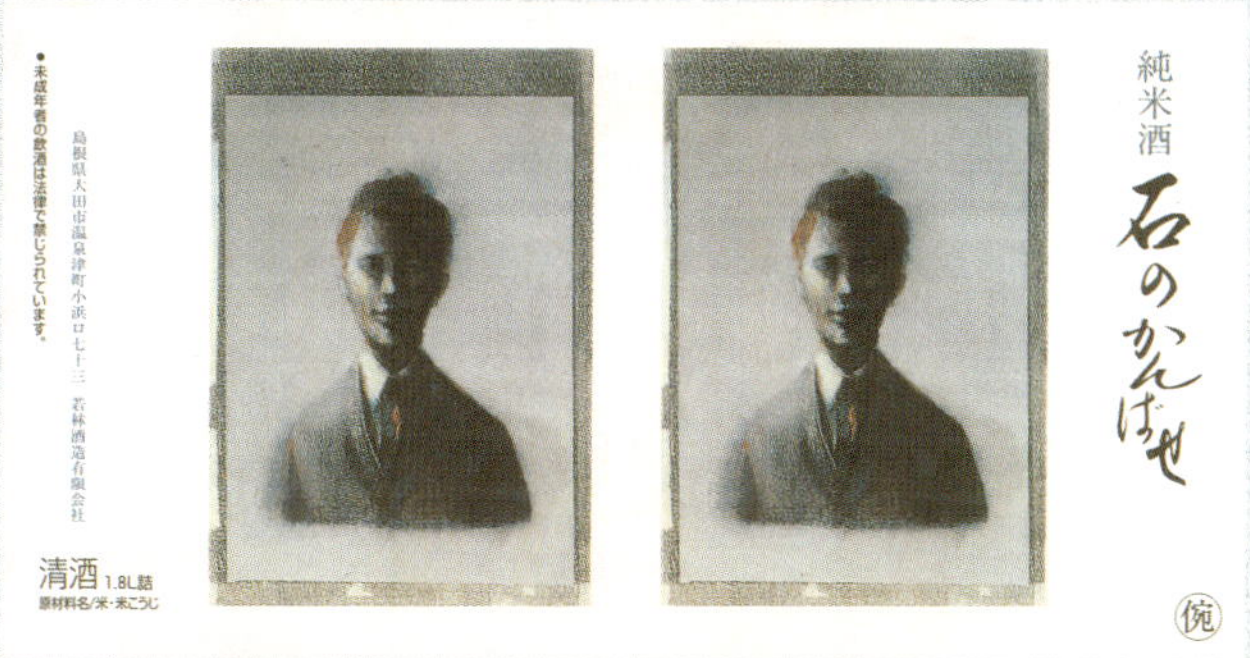

若林酒造（八頁）
「石《いし》のかんばせ」
（島根県大田市）

憂いを帯びた肖像の紳士がなんとも蠱惑的なラベルは、銅版画家・大山《おおやま》幸子《ゆきこ》氏の作品。男であることに怯え、苦悩するかのような眼差しが色っぽい。ずっと見つめていたいラベルです。

林本店「SAKEDELIC《サケデリック》」
（岐阜県各務原市）

「百十郎」醸造元・林本店の輸出専用ブランド。「Feel Colors!」をコンセプトに、富士と波にヴィヴィッドな色を載せています。日本では購入不可。海外に行ったら是非逆輸入してきて！

戦時下の「国酒」

太平洋戦争をくぐり抜け、当時の様子を今に伝える歴史的なラベル。

澤田儀平治（現・澤田酒造 一四六頁）「帝王《ていおう》」
（愛知県常滑市）

慰問袋に詰められた酒のラベルと包装紙は、生々しい戦争の記録。わざわざ添えられた「破損の憂ひはありません」の言葉は、験担ぎなのでしょうか。歴史的価値の高い紙の記憶です。

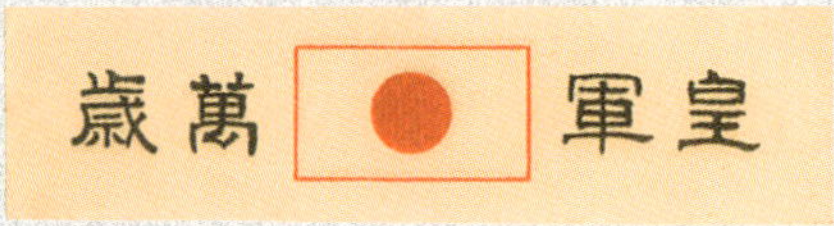

第5章
速《そく》醸《じょう》酛《もと》　其の二
in My Life
やさしい日本酒

洗練と純化の洗礼を受けた水、
それは季節の艶《いろ》を映し、
豊穣の地を尊《たっ》ぶ美《うつく》しのしずく。
喜びを紡ぎ、
憂いをはらう優しい酒が、
あなたの暮らしにそっと寄り添いますように。

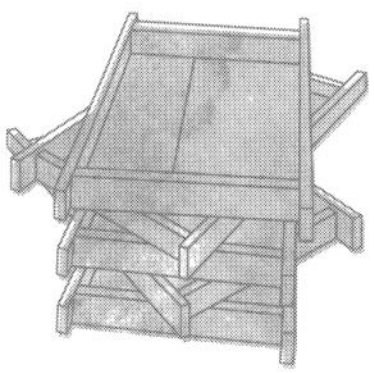

潔く輝く月のように

月の輪酒造店《つきのわしゅぞうてん》「月の輪《つきのわ》 特別純米生原酒《とくべつじゅんまいなまげんしゅ》」

南部杜氏発祥の地といわれる岩手県紫波郡《しわぐん》紫波町《しわちょう》。野菜が穫れたから、山菜を採ってきたから、川で釣りをしてきたからと届けられる、温かい心づくしのおすそ分けが、肥沃な大地に生きる人の実直な日常を物語ります。畑を作ることも、山に分け入ることも、川に棲む命をいただくことも、坦然とした暮らしがもたらす安寧のしるし。かつて、宮沢賢治が理想郷・イーハトーブとして描いた地に、今もある風景です。

「月の輪」醸造元・月の輪酒造店は、もとは、「若狭屋」という屋号で麹屋《こうじや》を営んでい

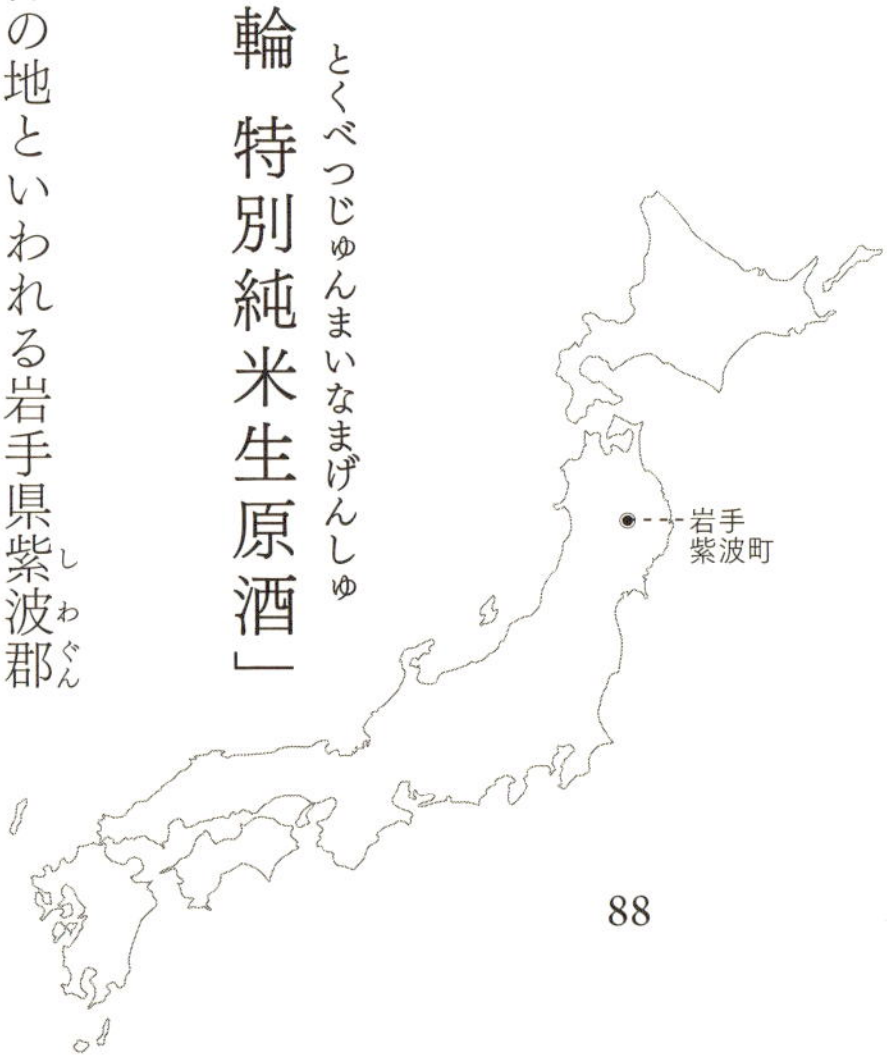

ました。屋号が示すとおり、先祖は福井県からこの地にやってきたといいます。横澤家の四代目・徳市が酒造業を始めたのが明治一九年（一八八六）。現在は横澤家七代目当主・横沢大造氏が四代目の蔵元を務めます。

自ら杜氏を務め蔵元杜氏の先駆けとなった二代目・清助、北海道大学で農芸化学を学んだ三代目・義雄、やはり蔵元杜氏となった四代目と、横澤家の人々には醸造技術とセンスが備わっているようです。杜氏の任には就かずにいた三代目などは、工業技術センターなどの指導機関がない頃に、県内の酒蔵をまわり、指導にあたっていたそうです。そして、平成一七年（二〇〇五）より、大造氏の長女・裕子《ひろこ》氏が杜氏に就任、横澤家のＤＮＡを示すように、妙技の華を咲かせていくことになります。

「月の輪」という銘は、幾世紀も伝えられてきた戦勝の物語に端を発します。奥州の戦乱・前九年の役（一〇五一～六二）で、源頼義、義家父子が大軍を宿営させたのは、蔵のすぐそば、現在の蜂神《はちじん》社《じゃ》あたりだと伝えられます。ある月夜のこと、義家が兵馬の飲料を得るために掘った池に、源氏の旗に描かれた日月（太陽と三日月）が映り、金色に輝いたとか。

これを勝利の吉兆とした源氏は、厨川《くりやがわ》の柵に安部貞任を攻め、陥落させるのです。のちに、奥州藤原氏三代秀衡《ひでひら》によって、吉兆のしるしとして池は円形に整えられ、太陽と三日月をかたどった島が作られました。これが「日の輪」、「月の輪」と呼ばれ、月の輪酒造店の社名・酒銘の由来となっています。

岩手県紫波郡紫波町の史跡「月の輪形」は蔵のすぐそば。今は花見の名所にも

ジューシーなボディから、米の汁のようにしっかりとし

醪を袋に入れ、槽（ふね）にのせてゆっくり搾る槽掛け。奥の槽は木製

た〝味〟を感じることができるのに、まるでしつこさのない「月の輪 特別純米生原酒」。レトロなラベルは、昭和六一年（一九八六）、創業百年を迎えた際に復刻版で作ったものです。「何も特別なことはしていないと思います。あまり手をかけすぎず、醪《もろみ》の思うままに任せ、酵母ちゃんに無理をさせないようにしております」。酵母ちゃん……酒造りに有用な微生物に対する愛情がほの見える、裕子杜氏の言葉。この蔵の長女として、杜氏として、張りつめた心をゆるめることなく、酒造りに打ち込みます。

　杜氏としての横沢裕子氏は、とにかくシビアで潔い将軍《ジェネラル》。「迷ったときは私についてきて！」と、蔵人たちを牽引するたくましさや、理路整然と考えて行動できる頭の良さは、さながら、宝塚歌劇団の男役トップスター。長女の宿命を持ち前の頑《かたく》なさで引き受け、戦い続ける凛々しいみちのくのマドンナです。

「家業を継ぐことは、つねに、そう、今でも抵抗があります。自分には他に何かできることがあったんじゃないかと思うのです。ですが、その一方で、やっぱりこれしかないとも思います。迷いはいいことでもあり、悪いことでもある。だから今は、迷いを断ち切るというよりは、その中でもがきながらいい方向性を見つけていこうと思っています」。迷いやもがきを認めることで、進化していく強さは、裕子杜氏の武器です。

　継ぐことへの抵抗から、酒造業以外をこころざそうと、大学では服飾を学んだという裕子氏。ところが卒業後は、独立行政法人酒類総合研究所に入所し、酒造りを学び始めたのです。そして、研修終了後、生家である月の輪酒造店へ。

「一度も蔵に入らないで〝嫌だ〟はないなと思ったんです。とにかく、三年やってみてから結論を出そうと思いました。他の蔵にお世話にならなかったのは、それをしてしまうといよいよ逃げ道がなくなると思ったから」。酒造の道に入った当初は、まだ逃げ出す言い訳を探していたようです。

そんな裕子氏も、平成二五年（二〇一三）、母となりました。「家業を継ぐことに否定的だったのは、親への反発だけだった気もします。今は、娘に将来『やりたい！』と言ってもらえるように頑張りたいと思っています」。酒蔵に生まれ育ったことは、むしろそこから逃れようとさせました。でも、違う世界で生きようとしても、結局は赤い糸で手繰り寄せられてしまう。彼女は酒霊に魅入られ、選ばれた酒造家なのです。

冬、酒蔵には人と米が集まり、しんと冷たい空気に血の通った動きを与えます。そして、その中心には、杜氏という司令塔が立つのです。たくさんの責任と、たくさんの義務を一身に引き受けて、みちのくのマドンナは潔く輝く月のように、酒にイーハトーブの浪漫を移植するのでした。

看板は前身の横澤商店時代のもので裕子氏が小学校の頃、蔵から出され掛けられた

有限会社 月の輪酒造店

主要銘柄「月の輪」

住　所：岩手県紫波郡紫波町高水寺字向畑101
電　話：019-672-1133
アクセス：JR 古館駅から徒歩約 15 分
U R L：http://www.tsukinowa-iwate.com/

安寧の音のなかで

白藤酒造店《はくとうしゅぞうてん》「奥能登の白菊《おくのとのしらぎく》 純米吟醸《じゅんまいぎんじょう》」

「買《こ》うてくだぁー」。売るも女、買うも女の輪島の朝市に女子衆《おなごし》の呼び声が響きます。出店場所は親から子へ何代も受け継がれるという露店では、活きのいい魚や穫れたての野菜、塗りの箸や風車まで、様々な品が並びます。千年の昔から続く市ではときおり値札のついていない品があり、ちらほらと売り手と買い手の掛け合いがみられます。女が主役の朝の風景。

口能登、中能登、奥能登。金沢に近いほうからそう呼ばれる能登半島の北部・奥能登に位置する石川県輪島市。瑠璃色の海、鳴き砂の浜や燃えるような夕陽……。観光名所は二〇〇か所を超え、

職人の技が映える工芸品、活気あふれる市、冬の厳しい日本海が育てた人の優しさ――旅した者の心を満たす鄙《ひな》と雅《みやび》が共存する町です。

この地に、享保七年（一七二二）、廻船問屋として創業した白壁屋は、質屋を経て、江戸時代の終わりに酒造業に転じます。これが白藤《はくとう》酒造店の始まり。酒銘は、廻船問屋時代の屋号「白壁屋」から「白」を、重陽の節句に用いる菊酒から「菊」をいただき「白菊」と命名。ただ、酒銘を「白菊」とする蔵は多く、区別するために「奥能登の白菊」としています。

「人と人を繋ぐ酒を創りたい」。これが、平成一八年（二〇〇六）より杜氏を務める九代目・白藤《はくとう》喜《き》一《いち》氏の願いです。〝造る〟じゃなく〝創る〟というところに並々ならぬ思いを感じます。

「酒を酌《く》み交わすことによって生まれる笑顔を繋ぎたい。酒は交流の潤滑油であるべきだと思うし、またそうありたいと願うのです」。口数の少ないおだやかな喜一氏ですが、言葉の端々には酒造りに対する強い思いが滲み出ます。

江戸末に酒造を始めた白藤酒造店。蔵は平成19年（2007）の能登半島地震で倒壊し、再築したもの

先祖から受け継いだたくさんの教えのなかで一番大切に心に刻むこと、それは酒造りそのものだという喜一氏。杜氏としてのデビューを果たした直後の平成一九年（二〇〇七）三月、能登半島を地震が襲います。白藤酒造店の蔵は無残にも倒壊してしまうのでした。小さな蔵の経営環境はただでさえ厳しく、そこへ蔵家屋を失うとなると、これは酒造りを断念せざるをえないほどのダメージ。しかし、喜一氏は微動だにしませんでした。「何としても酒は造る」と苦難を乗り越え、翌年から酒造りを復活させるのです。

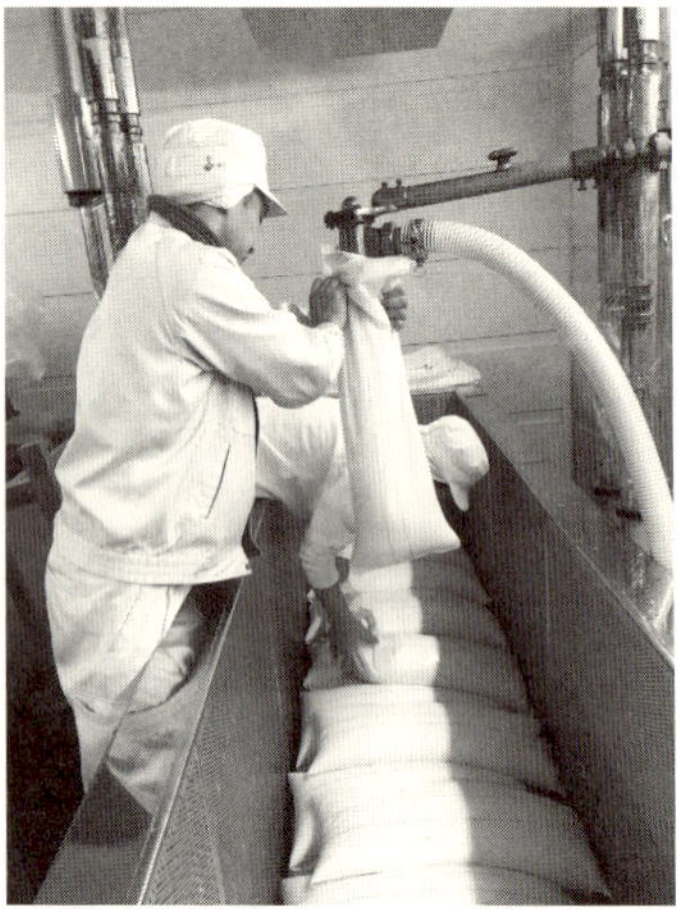

槽（ふな）掛け。醪（もろみ）を
酒袋に詰めて重ね、酒を搾る

そんな喜一氏を陰に日向《ひなた》に支え続けるのは暁子夫人。

「今でこそ復活の兆しが見えますが、結婚を決めた頃は日本酒業界自体が斜陽産業でしたので、不安だらけでした。特に、うちのように小さい酒蔵はいろんな意味で大変だろうと……」。

当時、友人に「結婚とは？」と問われ「覚悟を決めること」と答えて驚かれたという暁子氏。福島県出身の彼女は、醸造に魅せられ東京農業大学醸造学科に入学。卒業後は酒造メーカーに勤務していた時期もあったそうです。そして、同じ大学で学んだ喜一氏と結婚し、奥能登での生活が始まったのです。

「発酵学における微生物の営みは平和に思えた」という暁子夫人。たおやかでとても謙虚な彼女が、酒をずっと造り続けようと思いを強めた瞬間があると言います。「お墓参りに行ったとき、隣のお墓に『白菊』が供えられていたんです。大切なご先祖様に捧げる酒に選んでいただけたことが、とてもうれしく、励みになりました」。製造石数は二〇〇石余りと、小さな酒蔵のなかでも特に小さい部類に入るにもかかわらず、この蔵が全国にファンを持つのはこういうけなげさが、人の心を打つのではないかと思うのです。

五百万石、山田錦、八反錦《はったんにしき》と、三種類の米を醸し分ける「奥能登の白菊」は、ほのかな甘みが米のコシを包む優しい酒。熟成期間を経ても香味に崩れはなく、やわらかく綺麗な喉越しは、すべての味《み》蕾《らい》を開かせるのです。

平成二六年（二〇一四）、喜一氏は地元・輪島市で酒米の栽培を始めました。これからどんどん作付面積を増やして、さらに酒質を向上させたいと、夢と自分たちに課すノルマをふくらませます。

「子どもの頃はほとんど蔵に入ったことがありませんでした。仕込み期間中は当然入れませんし、それ以外の期間は閉まっていて暗いので、怖くて入れませんでした。でも、今はずっと蔵にいます。奇をてらうのではなく、当たり前のことを当たり前にやる。この蔵でずっと、妻と二人、微生物たちの営みを見守っていきます」。

海が青く穏やかな八月、ゆったりとした時が流れる輪島の町をキリコと呼ばれる大きな奉灯が練り歩き神輿《みこし》を先導します。輪島大祭です。太鼓や笛の音と、担ぎ手たちの掛け声はけたたましいほどであるのに、なぜかこの町を包む安寧の音のように感じます。それらはみんな、昔から受け継がれてきたこの地に染みこんでいる音だからでしょうか。

安寧の音に包まれる町。小さな蔵であればあるほど、実は、自分たちで納得する酒が造れるのかもしれません。奥能登には、誰かに語りたくなる人と酒があります。

輪島大祭。町内ごとにキリコが立ち、町を練り歩く

株式会社 白藤酒造店
主要銘柄「奥能登の白菊」

住　所：石川県輪島市鳳至町上町 24
電　話：0768-22-2115
アクセス：能登空港から車で約 30 分／JR 金沢駅から輪島特急バス約 2 時間 輪島漆会館停下車 徒歩約 5 分
U R L：http://www.hakutousyuzou.jp/

扉を開ける日

中澤酒造《なかざわしゅぞう》「一博《かずひろ》」

豊かな農地と里山が季節の色を映す、滋賀県東《ひがし》近江《おうみ》市《し》五個荘《ごかしょう》。中山道《なかせんどう》はじめ、いくつもの街道を擁し、道の利に恵まれていたこの町から、編笠《あみがさ》とてんびん棒を創業の原点として幾人もの商人が旅立って行きました。近江商人発祥の地とされ、彼らが行商を始めた頃の旅姿から「てんびんの里」と呼ばれるこの地に、営みを止めたままの酒蔵、中澤酒造があります。

江戸時代の終わり、火災に遭い、蔵家屋を焼失し、古文書をはじめとする一切を失ったため、創業の詳細年も、明治よりも前の家系をさかのぼることもできなくなってしまったこの蔵は、戦後より、「栄冠」「てんびんの里」を主要銘柄としていました。人々の暮らしに寄り添い、氏神様への崇敬のしるしとして献酒され、地域に愛され続けたこれらの酒銘を、誰一人として記憶から消し去ることはありません。

中澤酒蔵としての機能を停止させたのは、平成一二年（二〇〇〇）のことでした。酒造免許は手放さず、酒を造ることを休む「休造」という決断は、今は亡き中沢利右衛門《りうえもん》氏がくだしました。「酒なんか造っても儲かれへん」という理由で。

「蔵を継ぐ」という学生時代からの思いを遂げるべく、生家・中澤酒蔵で酒造りの修業中だった孫息子・一洋《かずひろ》氏は、当時二度の酒造期を体験しただけの新人酒造家。休造をなんとか撤回させようと、言葉を尽くして祖父を説得するも、聞き入れられることはありませんでした。

「なんでやりたいことをやらしてくれへねん！　絶対にやったる（再開させる）からな！」。怒りと闘志を強い気持ちに変え、修業の場を、同じ東近江市内の「大治郎」醸造元・畑《はた》酒造に求めたのでした。「道は、自分が踏み出した先に必ず出来る。どんな道になるか考えたり、危ぶんだりはしない。ただ、諦めない、そう決めただけ」。閉ざされた蔵には、誇りと魂を残していきました。

平成一六年（二〇〇四）畑酒造蔵元・畑大治郎氏の理解

(右)旧街道沿いであったことを伝える石の道しるべ
(左)閉ざされた中澤酒造の蔵。再び、扉が開く日は――

畑酒造よりタンクを借り受けて、自身のブランドを造る
中沢一洋氏

と厚意のもと、同酒造よりタンクを借り受け、自身のブランド「一博」を造り始めます。「一博」は、「いい酒を造りたい」という同じ目標を持って走り続ける友を迎え入れ、「ここで自分の酒を造ればいいじゃないか」とタンクを差し出した畑大治郎氏の懐の深さと、それを受け入れた一洋氏の素直な心から生まれたブランドです。

酒銘は、師事した二人の杜氏――酒造家としての道を歩み始めた中澤酒造で一から酒造りを教わった坂頭宝一《さかがしらほういち》氏と、畑酒造で指導を仰いだ谷内博《やちひろし》氏――から一字ずついただき、自らの名の音「かずひろ」を重ねたものです。「博」という字には「、」を打ちませんでした。「、」は、いつか自らの蔵を再開したときに打つと決めて。

「奇を衒《てら》ったことは何もしません。蔵の中を清潔にすることが一番大切。洗い物や掃除、人間ができることはどこまでもきちんとやる。麹《こうじ》菌や酵母の棲みよい環境を作ってやれば、あとは彼らが美味しい酒にしてくれます」。そう言う一洋氏が醸す酒には、伸びやかなボディに、大きく弧を描くように振り幅の広い旨味が内包されています。どんな時も警戒心をいだかず飲める酒、「一博」は、中沢一洋氏の人柄そのものです。この酒は真にやさしい。

「ココイチ（カレーハウスＣｏＣｏ壱番屋）の甘口なんて、まだまだ辛い。子どもが食べるみたいなもっと甘口のカレーがいい！」。幼児が好むような甘いカレーを食べながら、自分が造った酒を飲む

祭礼の際には、中澤酒造の酒が供えられる地元の古社・小幡（おばた）神社

のが大好きだという一洋氏。頑《かたく》なであることを打ち破るような笑顔は、凝《こ》った料理ではなく、家のご飯にだって酒は寄り添える、日本酒は通人だけのものではないんだと言ってくれているようで、ほっとします。

休造してから今日までの道のりが長かったかと問いかけると、「今は早かったと思うけど、その間はどうやったか、もう覚えてない。祖父については、はよ死んでくれと思ってた。でも今は、あの時反対してくれたおかげで、今の『一博』があると思ってる。あのますんなりと蔵を継いでいたら大治郎さんのお世話になることもなく、『一博』は生まれてなかったから」。

断ち切れなかった酒造への思いは、新たな銘柄を生みました。「酒は一人で造ってるんやない」――師事した二人の杜氏の口癖は、和《わ》、輪《わ》、環《わ》、我《わ》、あらゆる〝わ〟の大切さを教えてくれました。人が築くたくさんの〝わ〟に心を浸して、中沢一洋氏は生まれた場所へと戻っていきます。振り払うものは何もありません。今まで起こったすべてのことが、これからの力になるから。

「もう後戻りはできんから……」。「博」の字に「丶」が打たれる日は、もうすぐそこまで来ています。平成二七年（二〇一五）秋、中澤酒造の扉は再び開かれます。

中澤酒造有限会社

主要銘柄「一博」

住　所：滋賀県東近江市五個荘小幡町570
電　話：0748-48-2054
アクセス：近江鉄道 五箇荘駅から徒歩約３分
ＵＲＬ：なし

巡り巡ってまた飲みたい

酒六酒造《さかろくしゅぞう》「五億年《ごおくねん》」

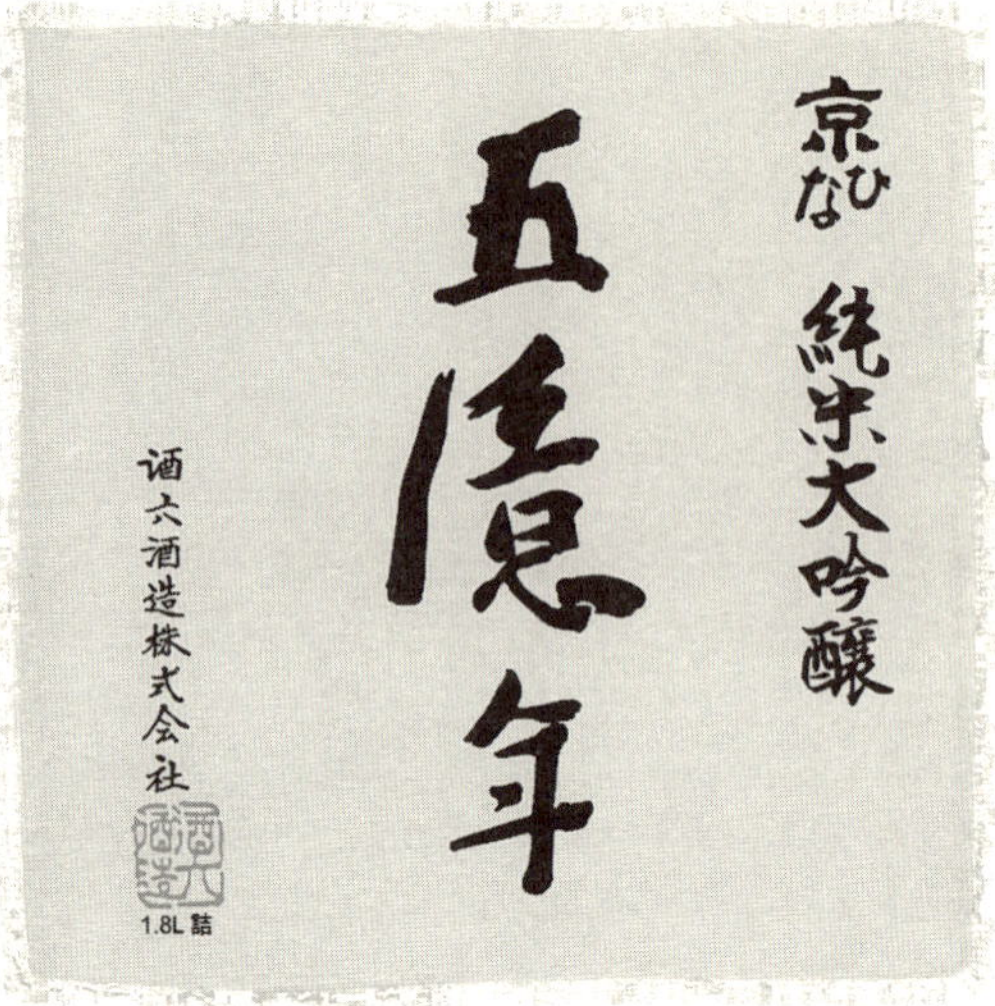

瀬音を子守唄に育つ棚田の稲、杉皮で葺《ふ》かれた屋根をのせた小さな橋。人々のありのままの暮らしが美しさを添えるのどかな農村。川沿いの坂道を下っていくと、渓流から里の川へと、川の様相の変化とともに町が近づいてきます。

かつて、小田川を利用した舟運が盛んだった頃、ハゼの実を加工してつくる和ろうそくや和紙の原料となる楮《こうぞ》など、流域の物資の集散地として栄えた愛媛県喜多郡内子町《きたぐんうちこちょう》。川から少し離れた高台には、江戸から明治にかけてできた家並みが残され、外壁や虫籠窓《むしこまど》に塗られた漆喰《しっくい》のマットな白が、ぽってりと目にやさしい風景を見せるのです。

其処此処で美の出迎えを受けるこの町で、酒井家が酒造業を始めたのは昭和一六年（一九四一）のこと。酒井繁一郎が内子町の酒蔵・喜多酒造を買い取ったことを始まりとします。社名は、繁一郎の父・酒井六十郎の名から、酒六酒造に。主要銘柄は、喜多酒造の頃から造られていた酒銘を引き継ぎ「京《きょう》ひな」としました。

種きり。種（麹菌）をふるう東中利男杜氏を蔵人がじっと見守る。
神聖な空気が宿る瞬間

もともと繁一郎は、愛媛県八幡浜市《やわたはまし》で六十郎が営んでいた紡績業の跡を継ぎ、工場を増やし、九州に支社を構えるほど組織を大きくしていました。繁一郎には九人の子どもがおり、そのうち四人が男子でしたが、喘息で体が弱かった次男の陸治郎に継がせるため、空気が綺麗で静かな内子町の酒蔵を買い取ったのでした。しかし陸治郎は、四〇代で亡くなってしまいます。そこで、四男・冨士夫氏が陸治郎の跡を任されることになり、昭和四九年（一九七四）、代表に就任するのです。

「機械では感心する酒は造れても、感動する酒は造れない」。これが、平成二二年（二〇一〇）一月に急逝した冨士夫氏の口癖でした。早くから吟醸酒に着手し、また、純米酒の醪《もろみ》を蒸留し焼酎とするなど、「美しい酒」をコンセプトに、心を動かす酒造りに捧げた三六年間の蔵元人生は、酒の香味はもちろん、ネーミングや装いにまで美しさを施す、ゆるみのない日々でした。地元愛媛の妙法寺開山・盤珪《ばんけい》国師や明治の傑僧・禾山《かさん》禅師

古き町並みが保存される愛媛県喜多郡内子町

にちなんだ「獅子林《ししりん》」「吹毛剣《すいもうけん》」「七星剣《しちせいけん》」、モダニズム薫る「れでぃふぁあすと」「祈り千年」「銀座の灯り」――飲み手の想像力を刺激するネーミングは冨士夫氏によるもの。酒銘にそのときどきの心状を重ねる楽しみを与えてくれます。

しかし、酒造業に陰りが見え始めた昭和六〇年代初頭には、大幅な消費量の減少にあらがえず、年々生産量を縮小せざるを得なくなり、経営は苦しくなっていったのでした。病と心労が重なり、跡継ぎについて話し合うこともないまま他界した冨士夫氏の跡を、妻・八代子《やよこ》氏が継いだときには、経営は危機的な状況に追い詰められていたようです。しかし、八代子氏の「残したい」という強い思いは揺るぎませんでした。その後、蔵は、八代子氏を支えるつもりで手伝い始めた次女・武知美佳氏と、その夫君・直之氏の手に委ねられることになるのです。

あまりに突然すぎた父の死は、娘の人生をすっかり変えてしまいました。「母の相談を受け、主人の直之と私が蔵に入りました。崖っぷちの数年間を経てようやく周りの理解を取り付け、平成二五年（二〇一三）一〇月に直之が正式に代表に就任。父や先代の杜氏から直接教えを得ていませんでしたので、手探りのスタート。でも、父たちがやってきたことをひとつひとつ紐解くうちに、少しずつその気持ちを理解できるようになったと感じています」。

そんなこの蔵に「五億年」と銘打たれた酒があります。――留守と言へ　ここには誰も居らぬと言へ　五億年経ったら帰って来る――。酒銘は、愛媛出身の歌詠み、禅とダダイズムの詩人と呼ばれた高橋新吉が、法華経を読んでいるうちに浮かんだという、すぐには消え去らぬ人の命と菩薩降臨までの時間を詠《うた》った「るす」という詩に由来します。

酸度を抑え、奥ゆかしく上品な旨味を重ねる「五億年」は、ほっそりとしたボディの奥に、やさしく豊かなアミノ酸を隠します。ひけらかさず奥底に隠した美が、飲み手に陶酔を与えるこの酒に、美佳氏は父の思いを重ねます。「この詩には、輪廻《りんね》の意味が込められているのではと感じます。父は、どこかでこの酒を覚えていてもらい、巡り巡ってまた飲みたいと思ってもらえる、そんなお酒をめざしたくて、こう命名したのではないかと思います。ご先祖様を供養するお酒としてお勧めし、喜ばれたこともあります」。

経営を立て直すことを優先し、父を亡くした悲しみに浸る時間も、受け継いだ蔵の過去を振り返る時間もなかったという美佳氏は今、父の思いがこもった酒銘の数々を大切に守り、蔵の歴史と向き合う日々を送っています。

突然主を失った酒蔵に、志を継ぐ妻と娘がいました。「蔵を遺したい」。八代子氏の他をしのぐ思いは、娘夫婦に新しい道を行く覚悟を与えたのかもしれません。

芝居小屋「内子座」。復興に熱心だった冨士夫氏は「京ひな上撰」の内子座ラベルも造った

酒六酒造株式会社
主要銘柄「京ひな」

住　所：愛媛県喜多郡内子町内子 3279-1
電　話：0893-44-3054
アクセス：JR 内子駅から徒歩約 15 分
U R L：http://www.sakaroku-syuzo.co.jp/

味の押し波　余韻の引き波

若波酒造《わかなみしゅぞう》「若波《わかなみ》」

大正一一年（一九二二）創業のこの蔵は、もともと米穀業を営んでいた今村万平が、明治二十六年（一八九三）に創業した今村本家酒造場からの分家に端緒を開きます。万平は三人の息子を分家させ、それぞれに酒蔵を起こさせます。そのひとつが若波酒造です。蔵のすぐそばを流れる筑後川（大川）の若々しい波の姿から、「古いものにとらわれず、若い波を起こせ」と、社名、酒銘とも「若波」としました。

蔵を構える福岡県大川市は筑後川の左岸に位置し、古くより材木の集積地として栄えた地。明治時代には若津港が筑後最大の港として大いに賑わ

いました。かつての港町には武家屋敷や大小の寺院が残され、往時の活気を偲ばせます。今ものづくりの職人が集う町に根を張り、現当主である三代目蔵元・今村壽男《ひさお》氏のもとで蔵を仕切るのは、製造統括・友香《ゆか》氏と次期蔵元・嘉一郎《かいちろう》氏の姉弟です。

壽男氏が蔵元杜氏を務めていた平成一三年（二〇〇一）のこと。京都の大学を卒業後、そのまま京都に暮らしていた友香氏に、一本の電話が入ります。「蔵を手伝ってほしい」。体調を崩した父・壽男氏からでした。このとき壽男氏は廃業を決意していましたが、愛飲者や取引先に迷惑をかけまいと、最後の酒造りに挑もうとしていたのです。

壽男氏の容体を気遣い、友香氏は帰郷します。生家ながら、酒蔵に足を踏み入れることのなかった友香氏にとって、何もかもが初めての体験。米の刻一刻と変わる表情や、薄暗く深々と冷えきった早朝の蔵に立ち上る甑《こしき》の蒸気、洗米場の蔵人の吐く白い息。米を蒸し終えた甑からは余熱の蒸気が上がり、天窓に吸い込まれていく……。いつしかそのすべての虜《とりこ》となり、魅入られたように酒造りに没頭していきました。

娘のそんな姿に勇気づけられたのか、壽男氏の体は快復。廃業の覚悟は存続の覚悟へと変わり、友香氏を酒造りの軸に据え、新しい波を起こすための準備が始まったのでした。

たとえ蔵元の娘であっても、信頼と実績がなければ杜氏の任には就けません。五感を含め、人としてのあらゆる能力が試される酒蔵

家具をはじめ、ものづくりの息吹が盛んな大川市に蔵はある

の長《おさ》になるために、友香氏がまず挑んだのは地元特産のイチゴ「あまおう」を使ったリキュール造り。酸化が早く、変色しやすいイチゴを、無添加のリキュールにするという取り組みは、一年の試行錯誤の後、みごと成功します。平成一七年（二〇〇五）に発売された「あまおう 苺のお酒」は、若い女性を中心に人気を集め、蔵の名を一気に広めるヒット商品となりました。翌年、友香氏は、若波酒造八代目杜氏に就任するのです。

その後も、カシスを使ったリキュール「ぱるふぇ」を開発、また「あまおう 苺のお酒」を造ったあとのイチゴをジャムや紅茶に加工するなど、次々とヒットを飛ばしていた友香氏ですが、やがて、創業時から存続する「若波」という酒銘と、その果たすべき役割について考えるようになります。

「私が蔵に帰ったとき『若波』は、求められればどこにでも出荷、ディスカウント・ショップにだって並んでいるという乱れた流通環境でした。しかし、弟と二人、社名でもある『若波』こそ、大切に守り育てていく銘柄だと思いを定め、酒質の方向性を改めて模索し、ラベルも一新。新たなブランドとすることにしたのです」。

全国から酒を取り寄せ、蔵のみんなで、何度も何度も唎《き》き酒を重ねました。「香りが高いのは最初のインパクトはあるばってん、香り穏やかなほうが杯《はい》が進むたいね」。「若波やけん、波で表現したほうがよかね」。そんな言葉が次々飛び交った末、導かれた酒質のコンセプトは「味の押し波・余韻の引き波」。

蔵人全員でひとつの波をイメージし、醸すという「若波」は、そのコンセプトどおり、味蕾《みらい》を押しひろげるような味わいと粋な撥《は》ねの良さで食事との均衡を保つ、攻守のバランスがとれた酒となりました。使用米は山田錦、夢一献《ゆめいっこん》、壽限無《じゅげむ》、いずれも福岡産です。酵母も、きょうかい9号酵母のほか

今村友香氏（右）は「造り手が見える蔵に」と若手育成にも力を注ぐ

に、自社酵母、アデニン要求性酵母を使い分けます。アデニン要求性酵母で桃色に染めた濁り酒は、チャーミングな色に誘われ、女性だけでなく、男性から女性へのプレゼントとしても需要があります。

平成二六年（二〇一四）、友香氏は杜氏の任を離れ、製造とともに若手の育成を担う、製造統括という役職に就きます。品質のみならず、安定した供給を将来にわたって続けてこそ、良い蔵だと考えたからです。

「家業として日本酒という文化を継承する――責任は重いけれど、幸せなことです。社名に込めた創業者の思いを受け継ぎ、姉と自分ならではの『若波』を表現していきたい。蔵人たちから『いい酒造人生だった』と言ってもらえる酒蔵にしていきたい」。嘉一郎氏の言葉にも、若波の新たな歴史を紡いでいく気概がにじみでます。

黄昏時《たそがれどき》、夕日に照らされる筑後川で金色に輝く波のように――若い二人が牽引するこの蔵は、新しい波を起こし続けています。

若波酒造合名会社

主要銘柄「若波」

住　所：福岡県大川市鐘ケ江 752
電　話：0944-88-1225
アクセス：西日本鉄道 大善寺駅から西鉄バス 川端通り停下車 徒歩約 10 分
U R L：http://www.wakanami.jp/

静岡型吟醸酒

神沢川酒造場《かんざわがわしゅぞうじょう》「正雪《しょうせつ》 山田穂純米吟醸《やまだぼじゅんまいぎんじょう》」

難所を越える旅人や駿河湾《するがわん》越しの富士の山、海に浮かぶ帆掛け船と、澄んだ空。冴えわたるヒロシゲブルーがとらえる、静岡県清水の由比《ゆい》の風景。江戸時代、歌川広重が描いた由比宿《ゆいじゅく》は、東海道一六番目の宿場町でした。桝形跡、お七里飛脚《しちりびきゃく》の役所跡、憂国の軍学者・由比《ゆい》（井）正雪《しょうせつ》の生家とされる紺屋などが並ぶ旧東海道沿いに、空を突き刺すような煙突がのぞきます。「正雪《しょうせつ》」醸造元・神沢川酒造場です。創業は大正元年（一九一二）ですから、酒蔵としては新規参入組。

軍学者の名にちなんだ「正雪」は、昭和初期には存在が確認されている、蔵を代表する銘柄です。

どれを取っても軽やかで綺麗。円《まど》かな月のような酒「正雪」には、沼津工業技術支援センターにおいて静岡酵母の父・河村傳兵衛氏※に教えを受けた五代目蔵元・望月正隆氏と、昭和五七年（一九八二年）よりこの蔵の杜氏を務める、現代の名工・山影純悦《やまかげじゅんえつ》杜氏との最強タッグにより、軽妙な酒質革命が施されました。

多くの酸や強い印象で奇抜な味を狙うのではなく、あくまで優しく飲み疲れのない酒質は、吟醸酒を単なる流行ではなく、ひとつの様式として確立してきたといえます。

山影杜氏は南部杜氏。地元は岩手県です。夏は米作りに勤《いそ》しみ、秋になると、岩手産酒米・吟ぎんがと、五人の職人とともに蔵入りします。今では珍しい、昔ながらの杜氏集団です。気温や日照の積算など、米が田んぼにいた時の状況を考え、年ごと日ごと、品種ごとに扱いを変える——これが、名工・山影純悦が守る大原則。そして、めざす酒質によって酵母を使い分け、酒を思い思いにデコレーションするのです。

富士山を望む海辺の町・由比は、東名高速富士川ICから約20分

神沢川酒造場では、様々な米、様々な酵母によって酒造りが行われます。そのなかから、平成二三年（二〇一一）醸造年度より始められた、山田穂×静岡酵母ＨＤ－１という希少なコンビネーションを紹介したいと思います。

山田穂。山田錦のお母さんとして名高いこの米を「やまだぼ」と正しく発音する人はまだまだ少ないでしょう。山田穂は、茎が非常に硬く、背丈の高い品種のなかでは、耐倒伏性にすぐれています。吸水性や消化性にすぐれ、高アミロース低タンパクという性質も評価され、兵庫県奨

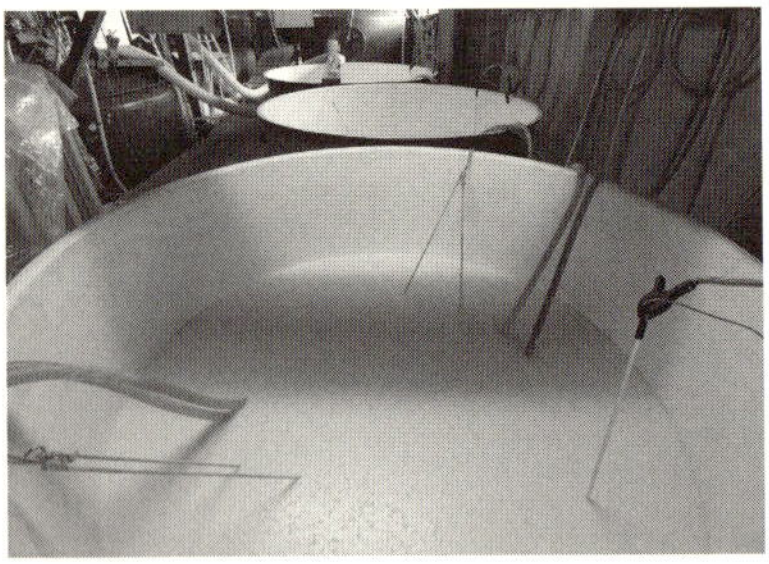

温度調節しながら、醪（もろみ）の仕込みをタンクで行う

蒸米を放冷機へ流し入れる。状態を確かめる蔵元・望月正隆氏（手前）と杜氏・山影純悦氏（中）

励品種となったのは大正元年（一九一二）、奇しくも、神沢川酒造場の創業年でした。その後、多くの姉妹種を生み、自らの純系分離（優良個体を選抜して後代を育成）を行ったのち、大正一二年（一九二三）、短稈渡船《たんかんわたりぶね》と交配され、山田錦を生むのです。しかし、この酒米の優等生を生んだあと、山田穂はいったん姿を消してしまいます。

　現在、山田穂も、少ないながら再び栽培されるようになりました。このような酒米の復古栽培が各地で行われていますが、それは単なる懐古趣味ではなく、酒米の潜在能力とその可能性を信じ追求し、人気の優良品種が広くもたらす香味の画一化を防ごうという、酒造家たちの探究心と、個性が失われることへの危惧がそうさせるのです。「使いやすい山田錦に比べると、山田穂は予想できないことが多い。お酒になったときの透明感、発酵時の安定感は、やはり山田錦のほうが優秀。でも、山田穂には山田穂の美しさがあります。同じ酵母で米を違えて、醸し分けてみたかったんです」。蔵元・正隆氏は語ります。

　麹米、掛米ともに山田穂を使った「正雪　山田穂純米吟醸」は、ふっくらとしたボディにきめ細やかな酸を乗せ、バナナの香りをまといます。同様の香りを放つこの蔵の「天満月《あまみつき》」と同じ、静岡酵母ＨＤ－１が採用されています。静岡県で開発され、静岡県内の酒蔵のみに配布される静岡酵母のなかでもこの酵母は、酢酸イソアミルという、バナナなどに含まれる有機酸を優勢にするのが得意なのです。山田錦を麹米に、吟ぎんがを掛米にした「天満月」が、トロピカルな香りを立ち上げ、いつの間にか消えていくすらりとした紳士だとしたら、こちらは、果樹のそばで匂やかに微笑む、しなやかな淑女のよう。とても素敵な、二つのバナナの化身です。

「軽快で優しい、綺麗な味わい。そのラインを崩さず、これからも飲み疲れのしない酒を造り続けたい。時々、静岡酵母が単体で静岡型のお酒を造るかのようにいわれますが、それは違います。河村先生がよくおっしゃっていた、『酒造りは、米洗いに始まり袋洗いに終わる』の言葉通り、手間暇をかけた丁寧な仕込みと静岡酵母が一体となって独特の酒質を造るのです。先生は、昭和五八年(一九八三)から平成二年(一九九〇)頃までほぼ毎日、出勤前の早朝、県内の蔵をまわって仕込みを見学されていました。そうやって酒造工程で駆使される各杜氏の技術を研究し、取り入れ、体系的に組み直されたことが、先生の最も偉大な仕事だったと思います」。「静岡型吟醸酒」の一角を成す神沢川酒造場。一人のストイックな研究者の精神を受け継いだ蔵元と名工、二人のタッグは、神沢川上流の清らかな水を生かして〝綺麗な味わい〟を造り続けます。

※河村傳兵衛氏

元・静岡県沼津工業技術支援センター研究技監。静岡酵母の研究開発と醸造指導に尽力し、静岡県産酒の品質向上に多大な功績があった。平成一五年(二〇〇三)に退職。

株式会社神沢川酒造場

主要銘柄「正雪」

住　所：静岡県静岡市清水区由比 181
電　話：054-375-2033
アクセス：JR 蒲原駅から徒歩約 15 分／富士急静岡バス 新町停下車 徒歩約 3 分
U R L：http://kanzawagawa.com/syousetsu/

コラム

綺麗と健康にリンクする日本酒

「太る」「糖尿病になる」「肝硬変になる」……こんな理由で日本酒を敬遠していらっしゃる方は、もしかしたらまだまだ多いのかもしれません。確かに、お酒好きのなかにはふくよかな体形の方がいらっしゃいます。確かに、日本酒は糖度が高く、過去には、飲み過ぎて肝硬変を患った方もいました。でも、太ったり、糖尿病を発症したりするのは、本当に日本酒だけが原因だったのでしょうか？

アルコールに含まれるカロリーの大部分は、エンプティ・カロリーといわれています。これは脂質や糖質とは違い、体に蓄えられることのないカロリーがほとんどであるということ。つまりアルコール由来のカロリーは、太る原因ではないのです。ではなぜ、お酒好きに件《くだん》の体形が多く見られるのでしょうか？

個人差はありますが、お酒を飲むと、頬が赤くなったり、体がポカポカ火照《ほて》ったりしますよね。これは、アルコールに含まれるカロリーを優先的に代謝しているから。アルコール分は、真っ先にエネルギーとして消費されるため脂肪として蓄積されることはないのですが、それゆえ、いっしょに摂った脂質や糖質などは後回しにされ、脂肪として身体に蓄えられてしまいます。アルコールには、脂肪の代謝を抑制する癖があるのです。お酒を飲むときは、肴《さかな》を選んでください。油や添加物がたっぷりのものは避けたほうがいいですね。この〝癖〟は、日本酒以外のアルコールも同様です。ビール腹は、ビヤガーデンでオーダーした、唐揚げやソーセージとビールとの共同作業で出来上がったといっても過言ではありません。

アルコール類のなかでも特に糖度の高い日本酒ですから、糖尿病のリスクに怯える方が多いのはわかります。ですが、酒粕にはインスリン様の物質が含まれ、血糖値を下げてくれるので、むしろ、糖尿病の予防になると期待されているのです。

肝硬変。これは、明治一三年（一八八〇）から昭和四八年（一九七三）まで防腐剤として使われていた酸化防止剤、サリチル酸の影響が大きいと考えられます。当時、お酒を飲めば必ず摂取することになったサリチル酸。少量ずつの摂取も蓄積によってその毒性が姿を現します。肝臓に壊疽《えそ》、肺に出血、心臓や腎臓に脂肪の異常蓄積……。サリチル酸は五臓六腑を破壊する危険な防腐剤だったのです。しかし、サリチル酸を使わない現在の日本酒を、肝硬変を患うまで飲もうとすれば、一度にかなりの量を、それも何年も続けないと難しいでしょう。

今、日本酒の健康・美容効果が注目されています。美白、美肌、血行改善に加え抗うつや成人病予防まで期待できることが、最近の研究でわかってきました。酒粕には、がん細胞を殺すナチュラルキラー細胞を活性化させる成分も認められています。

綺麗と健康にリンクする日本酒は、飲む美容液、飲む点滴なのです。美味しく飲むことが美と健康の礎《いしずえ》！　でも、適量ね！

第6章
Sweet & Sour
日本酒は飲めないなんて言わせない

甘く、酸っぱく、クールに、ドライに……!
すべての概念を打ち砕き
キュートな革命を施された香味は
オムニバスの恋愛映画みたい。
これが日本酒だって、
あなたは信じてくれますか?

琵琶湖に舞い降りる雪

平井商店《ひらいしょうてん》「湖雪《ふーしぇ》」

滋賀県大津市。朱塗られた楼門が在りし日の大津京《おおつきょう》を彷彿とさせる近江神宮、源氏物語を生んだ石山寺、戦いに敗れた武士《もののふ》の魂を抱《いだ》く義仲寺、天台声明《てんだいしょうみょう》の伝統を厳かにつたえる園城寺《おんじょうじ》（三井寺）。ここは、古刹《こさつ》が点在する風光明媚な地。

琵琶湖畔に広がる町には、路面に描かれた軌道をガタガタと音をたてながら小柄な車両が進み、陽射しをキラキラ跳ね返す湖を横目に、急な坂道や曲線を駆け抜けます。そんな町なかの商店街に、一軒の造り酒屋があります。

一七代・平井八兵衛《ひらいはちべえ》氏が当主を務める「浅茅生《あさぢを》」醸造元、平井商店の創業は万治元年（一六五八）。徳川の世は四代目となり、百余りの町から成る東海道最大の宿場町であった大津は〝大津百町《おおつひゃくちょう》〟と謳《うた》われ、街道一の賑わいを誇っていました。

浅茅生《あさぢを》の　志《し》げきのなかの真清水《ましみず》は　幾千代《いくちよ》ふとも　汲《く》みはつきせじ

後水尾天皇の皇子・聖護院宮道寛法親王《しょうごいんのみやどうかんほうしんのう》が、園城寺の長吏であった頃に賜った和歌の枕詞を酒銘としていいます。三百有余年前のこの辺りは、まばらに生えた茅《ちがや》がそれぞれに清々しい生命を揺らしていたのでしょう。今は昔、酒銘にのみ残された古《いにしえ》の風景です。

この蔵には、当主となる者が代々受け継いでいく「八兵衛」という名があります。襲名という慣習があるのです。一系統によって維持されてきた企業で今もちらほらと見ることができる襲名は、歌舞伎役者のように親や師匠の名跡を継ぐそれとは違い、先代が鬼籍に入り、社長に就任した際に、名を戸籍ごと変えるという、たいへんな重みを持つものです。その名は子が継承するものであって、一代飛ばして孫へ渡すことは許されず、実子がいなければ養子を迎えて名を継いでもらい、また、次の代を担う者が襲名を拒否した瞬間、名は廃止されるのです。

平井商店の煙突は、赤煉瓦造りが今も現役

平井八兵衛。代々受け継ぎしこの名に、一族の歴史と誇りを繋いできた蔵で、「次の八兵衛には、私がなってもいい」と覚悟を告げた、一人の女性がいます。平井商店に生まれた二人姉妹の長女、平井弘子氏です。体が弱く、入退院をくり返していた子どもの頃、医者になることを夢見ていたという彼女に、両親は家業を継げとは言いませんでした。家業にとらわれずに独立しようと、大学では建築学を専攻、跡を継ぐ気がなかったどころか、

（右）和釜。この上に甑（こしき）を据え、米を蒸す。（左）女性ならではの感性を生かし、新しい酒質を生む杜氏・平井弘子氏

大学三年までは家を脱出することばかり考えていたという彼女は今、蔵にいます。

「私が終わらせたという事実を残したくない。この家がずっと続けてきたことに幕を引いたのは私だと記録されることが怖い。だから、私の代では終わらせない、そう決めたのかもしれません」――臆病な気持ちが、かえって心を奮い立たせたのか、卒業後すぐ生家の酒蔵に戻り、父であり、蔵元であり、杜氏である八兵衛氏から酒造りと蔵元としての心得を学び、平成二六年（二〇一四）の冬、ついに父から杜氏の役を任ぜられたのです。

若き女性杜氏、平井弘子氏を語るうえで欠かせない銘柄があります。それは「湖雪《フーシェ》」。中国語を冠した涼やかなにごり酒です。「湖雪」は、もともとは父・八兵衛氏が跡を継いで間もなく、冬の仕込み期以外も酒造りを学び続けようと夏場に小さなタンクで造り始めた銘柄。琵琶湖に舞い降りる雪をイメージし、〝ふーしぇ〟というやわらかな音を与えました。主要銘柄の「浅茅生」が、スレンダーなボディに品の良い辛味を乗せているのに対して、「湖雪」は軽快な乳酸にさらりとした甘味を乗せています。それまでよりアミノ酸度を思い切って下げることで、雪のように軽いボディを実現させました。真っ白な酒の色と、味蕾《みらい》の上で跳ね回る炭酸ガス――どこまでもガーリッシュな弘子氏の

「湖雪」は、日本酒を"酒臭いオヤジの飲み物"と誤解し、避けがちな層にアプローチをかけることに、みごと成功しました。

数年前までの彼女は、小さな女の子が、家業を継ごう、家系を守ろうと、けなげな決意で懸命に心をふくらましているように見えました。あれからいくつかの冬が過ぎ、平成二六（二〇一四）年の風薫る日、弘子氏は結婚。「結婚前は、どこかで、私一人ではこの先続けていけないと思って、片足しか突っ込んでなかったような気がします。でも今は、この道で生きていくって腹をくくりました。やっと両足を突っ込んだように思います」。

心はもうたじろぎません。ずっとこの蔵で生きいく、そう決めたのだから。

県庁所在地であるはずなのに、喧騒とはまるで無縁の大津の町。かつての都は、その謎を時間という闇の中に置き去りにしたまま、じっと息を潜めているようです。行き交う人もまばらな旧東海道、僧兵たちが戦いに明け暮れた園城寺は、今は静かな祈りの場。――変遷の町に、変わらぬ決意を刻む酒蔵があります。

浜大津は京阪電車京津線・石坂線のターミナル。
夜はキラキラと光るおもちゃのような輝きに

有限会社 平井商店
主要銘柄「浅茅生」

住　所：滋賀県大津市中央1-2-33
電　話：077-522-1277
アクセス：JR大津駅から徒歩約10分／
京阪 浜大津駅から徒歩約5分
URL：http://www.biwa.ne.jp/~asajio/

高酸度で、低アルコールで。

千曲錦酒造《ちくまにしきしゅぞう》「Riz Vin 7《り ゔぁん せぶん》」

長野県佐久市《さくし》長土呂《ながとろ》。北に浅間山系、南に八ケ岳連峰、西には日本アルプスを一望におさめる佐《さ》久平《くだいら》。悠々と流れる千曲川《ちくまがわ》は、途中その名を信濃川と変える日本最長の川。澄んだ空気と凛冽《りんれつ》の気、豊富な伏流水、ぐるりと自然に囲まれた標高七〇〇メートルのこの地は、何もかもが酒造りに適していて、まるで天然の酒蔵のようです。

天和元年（一六八一）、名主を務める原弥八郎は、屋号を吉田屋とし、中山道《なかせんどう》の宿場町・岩村田《いわむらだ》で酒造業を起こします。主要銘柄「千曲錦《ちくまにしき》」は、昭和四年（一九二九）、原治助《じすけ》により、株式会社に組織改変されたときに誕生しました。深まる秋、眩し

いばかりに美しい紅葉が千曲川の川面に映える様を美酒に重ねての命名でした。

明治期にはすでに、一大消費地であった東京に進出していたというこの蔵は、順調な発展を続け、昭和三七年（一九六二）一〇月、創業の地・岩村田より現在地・長土呂に移転します。敷地面積一万五千坪。この驚くべき広さを有効に活用し、さらなる発展へのスタートを切るのです。

現在、敷地内には、精米蔵、仕込み蔵、本醸造や普通酒を造る新蔵、貯蔵庫がゆったりと建ち並びます。人が培ってきた技術を充実した設備が完璧にサポートするなか、「千曲錦」は生まれるのです。

精米蔵では、杜氏が目で見て指で触って確認した原料米を、めざす酒質に合わせた精米歩合に設定し、コンピューター制御のもと磨いていきます。多くの酒蔵が精米を委託するなか、自在に精米歩合を調整できる自社精米を行っています。

また、蔵内には、深さ一三メートルの浅井戸が二本、六〇メートルの深井戸が二本、合わせて四本の井戸があり、千曲川と浅間山系の伏流水を汲み上げています。この蔵では、四つの井戸それぞれが持つミネラル分の違いによって、米洗い、酛《もと》の仕込み、醪《もろみ》の仕込みと、水を使い分けているのです。

とにかく広い敷地内でひときわ目を引くのは、移築された昭和初期の蔵家屋、治助蔵です。高い屋根と堅牢な骨組みは過去を偲《しの》ばせ、昔々、ここにいた人たちを追想させます。治助蔵にはアメリカから輸入したたくさんのオーク樽が並んでいます。バーボンウイスキーの貯

浅間山系と八ヶ岳連峰に囲まれた、豊かな自然に恵まれた地に蔵は建つ

広大な敷地には精米蔵、新蔵、貯蔵倉庫、
アンテナショップなどが建ち並ぶ

蔵に使われていた樽は、焼酎や日本酒を貯蔵熟成させる道具として日本で生きることになったのでした。

氷点下に達する冬の冷え込みをはじめ、広大な敷地、設備、すべてにおいて恵まれた酒造りは、平成一二年（二〇〇〇）、新たな香味を生み出します。「Riz《リ》 Vin《ヴァン》 7《セブン》」。ブルーのスリムボトルにアルファベットの表記。フランス語で「Riz」はお米、「Vin」はワイン。酒銘は、お米のワインという意味なのです。

ワインに比べ日本酒を敬遠する人が多かった当時、国籍も、老若男女も問わず楽しめる酒が造れないものかと考えた結果、発酵初期の段階で搾ることによって、アルコール度数七パーセントという低アルコールを実現させました。プラムのような酸味にからむ甘味が、とてもチャーミングな甘酸っぱさを演出してくれます。高い酸度と低いアルコール度数は、この酒のアペリティフとしてのポジションをいとも簡単に確立しました。また、硬度の高い炭酸水で割ってミネラルをプラスすることによって、牡蠣《かき》や蛤《はまぐり》などの貝料理にもとてもよく合うのです。一日の疲れが抜けるような爽快な味わいは、まず、日本酒を嫌っていた女性たちの支持を取りつけました。

香味はもちろん、価格、ヴィジュアルデザインにおいても、消費者の評価を得た「Riz Vin 7」は、あとを追うように発売した姉妹品「Spark Riz Vin」とともに、贈答やウェディングパーティーでのテーブル酒として人気を高めていきました。

火入れや瓶詰め、ラベリングにいたるまで最新の設備で行い、日本酒だけではなく、蕎麦焼酎、米焼酎の蒸留も行うこの蔵はひょっとしたら「ちいさな蔵」とはいえないかもしれません。しかし、経験を積み重ねた人の技術があるからこそ、機械化ができるのです。自然の営みと蔵人たちの心が、酒に宿ることに違いはありません。

岩村田で酒を醸しだした三百有余年の昔から、住む人も風景も、幾多の変遷を経てきました。蔵人の一人は言います。「近年、佐久は急速に高速交通網が発達しました。日本の自然と名水を守るためにはどうすればいいか、私たちは今、真剣に考え、行動しなければいけない大切な時期に来ていると思います」。

――風かをる　しなのの国の　水のよろしさ。昭和一一年（一九三六）五月、岩村田を訪れた放浪の詩人・種田山頭火はこの地の水を愛でる詩を詠んでいます。水を守ることは酒造りを守ること。「地域の皆さまに愛される酒造りを心がけて、これからもこの地とともにあり続けるために風土を守りたい。近頃は、そんな思いでいっぱいです」。蔵人の思いは、信州・佐久の濁りのない空気にすうっと馴染んでいくようでした。

第79回関東信越国税局酒類鑑評会で優秀賞を獲得した重田法一杜氏は、地元・佐久出身

千曲錦酒造株式会社

主要銘柄「千曲錦」

住　所：長野県佐久市長土呂1110
電　話：0267-67-3731
アクセス：JR佐久平駅から車で約5分／佐久ICから車で約5分
URL：http://chikumanishiki.com/

霽月《せいげつ》

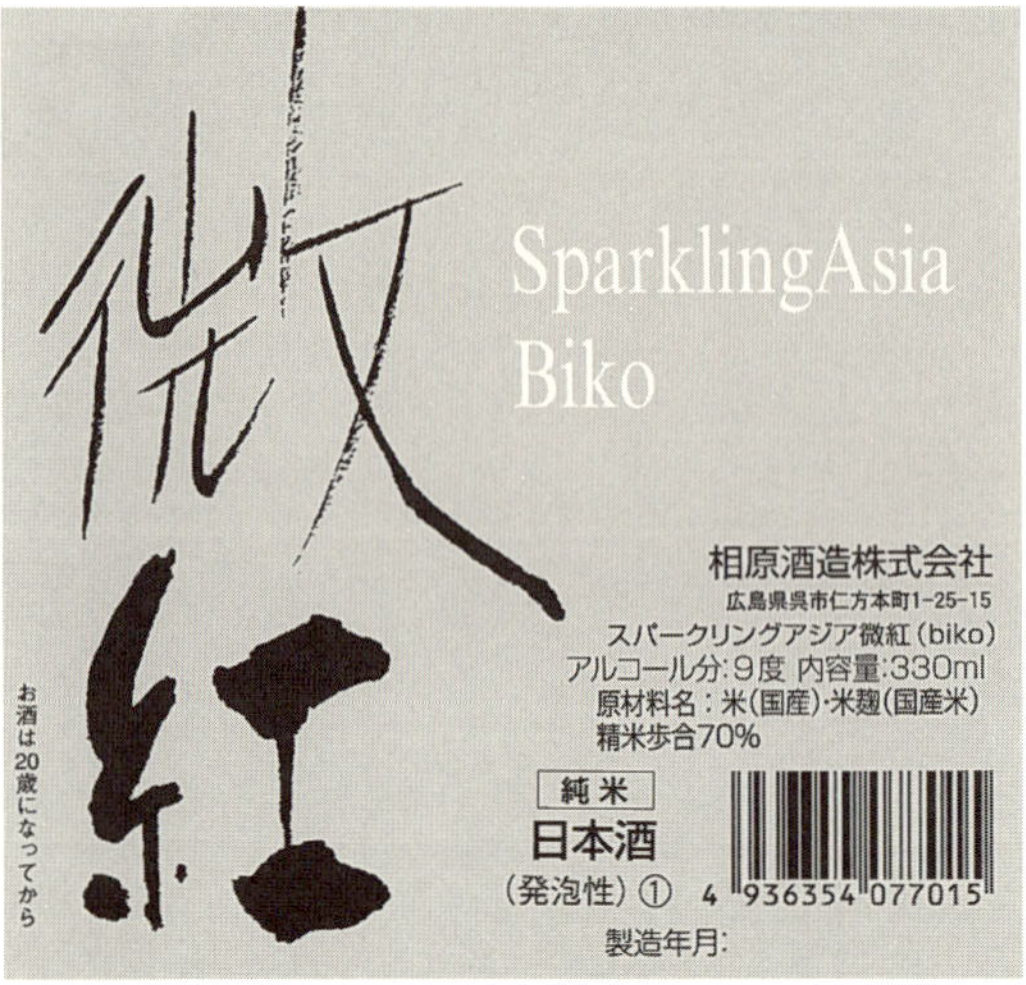

相原酒造《あいはらしゅぞう》「Sparkling《すぱーくりんぐ》 Asia《あじあ》 微紅《びこう》」

岩場に並ぶお地蔵さん、岩盤を流れ落ちる水。長い年月をかけて風雨に削られた岩は奇岩となり、割れた流紋岩は谷に転落し重なり合い、ごつごつとした岩の海を作り上げています。空海が二度も入山し行を積んだという野呂山《のろさん》は、海から一気にせり上ったような急峻な斜面を町に接します。

広島県呉市《くれし》仁方本町《にがたほんまち》。南に海、三方に山を背負うこの町に、一六歳で分家した相原格《いたる》は蔵を構えます。酒造業への新規参入が緩和された明治八年（一八七五）のことでした。屋号を不二屋とした本家の北に蔵を起こしたため、屋号は北不二、酒銘は「白雪」「不二若竹」「去年《こぞ》の雪」としました。現在、主要銘柄

とする「雨後《うご》の月」は、徳冨蘆花《とくとみろか》が随筆集『自然と人生』のなかに収録した短編「雨後の月」に由来します。雨上がりの空に、冴え冴えと光り輝く月が周りを明るく照らす――そんな澄みきった美しい酒を醸したいと願った二代目が命名したといいます。蘆花が『自然と人生』を上梓したのは明治三三年（一九〇〇）ですから、それ以降に生まれたということになります。

二度の火災で蔵家屋を焼失するも、その都度みごとに再興させた初代・格。そんな敏腕な父から蔵と名を受け継いだ二代目・格の時代、戦時下の統制経済により、相原酒造は強制的に廃業させられます。ときは昭和一八年（一九四三）、日本軍はガダルカナル島から撤退し始め、アッツ島では激戦の果て玉砕、一〇万人の学徒が戦場に送り出された年でした。

昭和二三年（一九四八）、農地改革などにより多くの財産を失いながらも、相原酒造は復活を果たします。しかし、二代目・格は、信頼していた小作人や部下が突然見せた欲におののき、これを悲観し急逝。蔵は、広島文理科大学（現・広島大学）で勉強中だった次男の鐵也《てつや》が継ぐことになりました。

三代目・鐵也は、畑違いの酒造業を担うも大健闘。二千石以上にまで復興させますが、そのピーク時に病死。その後、蔵は妻の君子氏が引き継ぐことになりました。ところが、継いだと同時にテレビコマーシャルを使った大販売時代が到来します。それまで消費者は「一級ちょうだい」「二級ちょうだい」と、酒の銘柄は指定せずに買うのが

空海が岩窟にこもって行を積んだという野呂山のふもとに、蔵はある

当たり前で、各酒販店では強い繋がりを持つ蔵元の銘柄を販売するのが常でしたが、これを機に、消費者から銘柄が指名されるようになるのです。テレビを通じて宣伝できない酒蔵は酒販店に対し、一升瓶一〇本につき一本または二本サービスといったリベート販売に、活路を見いださざるを得なくなりました。そして、それでも利益が出るよう、製造原価を下げはじめるのです。原価を下げる→リベートを上げる→酒が美味しくなくなる→リピートが来ない→さらに原価を下げてリベートを上げる→益々売れなくなる……。負の連鎖が始まりました。

昭和六三年（一九八八）、五代目・準一郎氏は代表に就くと同時に、リベート販売からの脱却を図ります。雨後の月のように澄み切った美しい酒をいかに醸すか、代々の思いを繋ぐため、普通酒から特定名称酒への移行に力を入れます。軽やかにして上品、心地よい香りを旨とする「雨後の月」は、こののち、どんどん精度を高めていくのでした。

徳富蘆花の随筆「雨後の月」からとった酒銘が、蔵の真っ白な壁に映える

そんな相原酒造の技術力の高さを証明するのが「Sparkling《スパークリング》 Asia《アジア》 微紅《びこう》」です。若やいだ柘榴《ざくろ》のようにシックな酸と心地よく弾ける炭酸ガスをほのかな紅色に染めたこの酒は、アデニン要求性酵母という発酵力の弱いデリケートな酵母によって造られます。この酵母による酒造りは、空気中の微生物が混ざりそれらが繁殖すると、独特の発色特性を引き出せなくなるため大量に造れません。また、褪色させないために冷暗所での保存が必須。酒に色を持たせるには、使用米や紅麹の色素を利用する手もありますが、あえてとった難度の高い酵母による方法は、発酵過程や貯蔵管理などすべてにおいて尋常ならざる気を遣うことになりました。

「日本酒に色がないことを淋しく思ったのと、シャンパンは白よりもロゼのほうが高価なので、〝日本酒のドンペリ・ロゼ〟をコンセプトに造り始めました。そしてなにより、辛口のスパークリングを造りたかったのです」。準一郎氏のめざした酒質を、同じく酒蔵に生まれ育った堀本敦志杜氏がみごとに実現してくれました。

「前杜氏の後継を模索しているとき人から問われると、『欲をいえば堀本。でも、堀本は家があるから無理だね。堀本酒造が潰れることはないのかな』と冗談で話していました」。ところが、なんと、一世を風靡していた堀本酒造が廃業を発表したのです。「後継は彼しかいないと思っていたため、すぐに動きました」。平成二一年（二〇〇九）のことでした。

意中の人を得て新たなスタートを切った準一郎氏が、激動の蔵を守り抜いた先人から心に受け継いだのは、嘘をつかず正直に生きることだといいます。そしてそれは、雨上がりの夜空を照らす月のように、さっぱりとわだかまりのない酒を生む礎《いしずえ》となっているのです。

蔵人が白布に包んで運んだ蒸米を
手で広げて冷ます、放冷作業

相原酒造株式会社
主要銘柄「雨後の月」

住　所：広島県呉市仁方本町 1-25-15
電　話：0823-79-5008
アクセス：JR 仁方駅から徒歩約 10 分
U R L：http://www.ugonotsuki.com/

優しさを温める

向井酒造《むかいしゅぞう》「伊根町《いねちょう》 夏の想い出《なつのおもいで》」

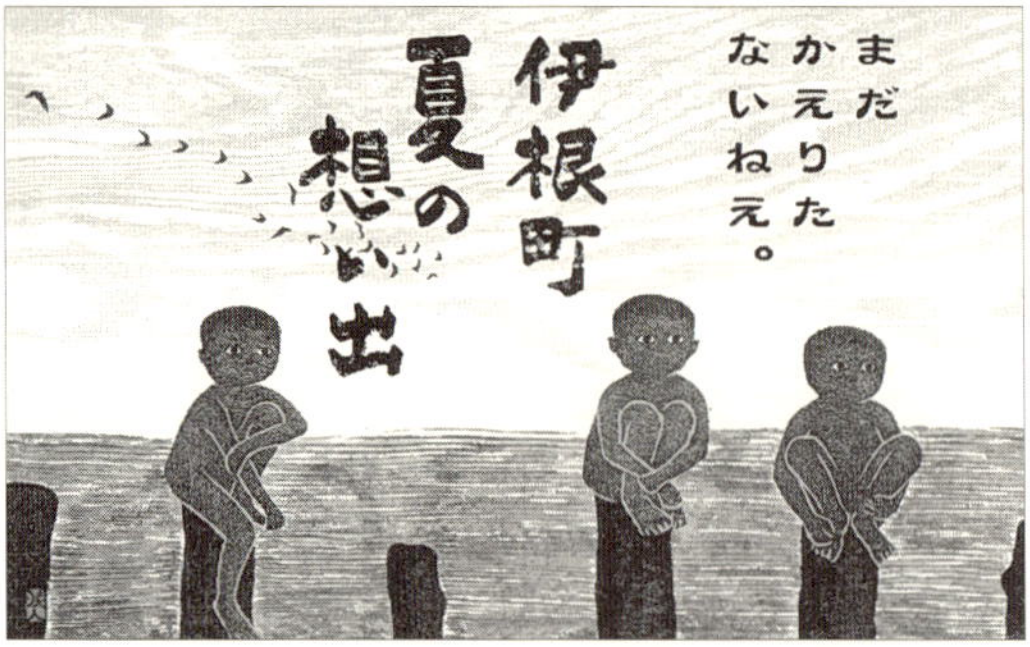

ミャア、ミャア……。静かな入り海に、ウミネコの声。入江に迫る山は、海を抱えているようにも、海に覆い被さっているようにも見え、それはなんだか、ここに海があることを誰にも教えたくないかのようです。海沿いの一本道は、切妻づくりの家屋を両側に並べ、海岸線に沿って曲がりながら、鄙びた漁師町を貫きます。

京都府与謝郡伊根町。伊禰浦《いねうら》と呼ばれた江戸時代、このあたりでは海の幸が豊富に獲れ、外海に出ることなく小舟で漁に漕ぎ出したといいます。特に鰤漁《ぶりりょう》が盛んで、宮津藩主京極氏の時代には、鰤運《ぶりうん》上《じょう》といって、米ではなく鰤で年貢を納めていたほどだったとか。「伊根鰤」は今も変わらず、この地の名産です。

湾口を南に向け、東の岬と、湾口中央に立ちはだかる青島《あおしま》が天然の防波堤となって、日本海の荒波を防いでくれる伊根湾。小さな湾

に沿って隙間なく建ち並ぶ舟屋の海への開口部は、時間の出入り口のように見えます。

一階は海で、プライベートポートであり、舟の格納庫にして作業場。二階は居住スペースだったり、民宿だったり、使い方は様々。そんな舟屋を、仕込み蔵にしている酒蔵があります。日本で一番海に近い酒蔵、向井酒造。創業は宝暦四年（一七五四）、主要銘柄は「京《きょう》の春」です。杜氏は、この蔵の長女として生まれた長慶寺《ちょうけいじ》久仁子《くにこ》氏、愛称くにちゃん。東京農業大学醸造学科を卒業後、二三歳で杜氏に就任しました。

家に戻ったばかりの頃の久仁子氏は、年配の蔵人たちと仲良くお酒を仕込むことが、とにかく楽しかったと言います。そんな日々のなか、大学で学んだこと、東京で体感したことをもっと酒に反映させたいと、蔵元であり杜氏でもあった父・向井義昶《よしひさ》氏にたびたび意見を述べるうち、「じゃあ、お前がやれ」と杜氏を任されることになったのです。

「くにちゃん杜氏」は、もちろん張り切って事にあたります。ところが、昨日まで仲の良かった蔵人たちが、突然冷たくなり、無視を決め込むようになります。若い娘がいきなり蔵の責任者になる——熟練の蔵人たちには受け入れ難いことだったのです。

そんなある日、知り合いのベテラン杜氏から「自分のしてほしいことばかり伝えるのではなく、蔵人たちの心をくみとって、気持ちよく働きやすい環境をつくることが大切」と教えられます。久仁子氏は皆が出勤する四時間も前から一人準備をするようにな

情緒あふれる舟屋を仕込み蔵として使用する

ります。水麹《みずこうじ》を造り、釜に米をはり、米を蒸す。そうするうちに、蔵人たちの心はほどけ、和が生まれたのです。杜氏になって初めてこぼした涙は、うれし涙でした。

仕込み蔵の二階、小さな窓からは海と舟屋が見えます。ここからの眺めは、向井酒造の宝物。初めてこの蔵を訪れたとき、丁寧に案内してくれた久仁子氏は、この二階にある製氷機の前で、ふいに涙を溜め、声を詰まらせました。

「これは、私が杜氏になって間もない頃、父に頼んで入れてもらった製氷機です。仕込み水を凍らせています。気温が高い時期、アツアツの蒸米は放置しても外気温までしか下がらない。四、五度まで下がってほしいので、タンクに氷を投入することで調整しているんです」。

杜氏就任直後に導入した重機は、周囲に理解されず苦しんだ時期を思い出させたのでしょう。そこには、小さな女の子のように感情を出入りさせる「くにちゃん」がいました。そして、この〝女の子〟は、辛かった過去を飲み込んで、誰よりも強く、優しい杜氏になったのです。

杜氏として名実ともに蔵の顔となった
長慶寺久仁子氏

くにちゃんの醸すお酒は、伊根をまるごと詰め込んだかのように、しみじみとした人情と、素朴な光にあふれ、どのアイテムも、かじかんだ心を溶かすようです。それは、あらゆる病を治すという霊薬、阿伽陀《あかだ》のよう。

赤米の表層部分が持つ色素を生かした真っ

赤なお酒「伊根満開」は、ヴィヴィッドな色とキュートな酸で、たくさんの味蕾《みらい》に鮮烈な記憶を与え続ける、くにちゃん杜氏の代表作。そして母校、東京農業大学醸造微生物学研究室で保管されていた百年前の酵母と白麹《しろこうじ》で造った「伊根町 夏の想い出」では、クエン酸のボリュームを生かし、熟成させることによって、ポートワインのような香味を生み出しました。

「伊根町 夏の想い出」をはじめ、向井酒造のいくつかの酒のラベルには、版画家・村上暁人《ぎょうじん》氏の作品が使われています。生前、「ただ美しく描くだけではつまらない。テーマは人間愛の追求」と、語っていた同氏が描いた人や風景は、しっかりとした太い線が素朴な温かさを伝え、暮らしのなかに生きる愛を記録しています。それは、ただ美味しく醸すだけではなく、いつも人の傍らにあって、誰かの心の痛みをぬぐえるような酒に育てたいと願う、久仁子氏の心の景色をも映し出すかのようです。

夜、舟屋に灯りがともるとき、優しさを温めるような向井酒造の酒もまた、誰かの心にともるのでした。

向井酒造株式会社

主要銘柄「京の春」

住　所：京都府与謝郡伊根町平田 67
電　話：0772-32-0003
アクセス：与謝天橋立 IC から車で 40 分／京都丹後鉄道 天橋立駅からバス約 50 分 伊根停下車 徒歩約 3 分
U R L：http://kuramoto-mukai.jp/

舟屋の町・伊根町。「京の春」を掲げた蔵は町のシンボル

コラム

過去への扉

太古の昔、お酒は、神と人とを繋ぐ、誓いと契りの液体でした。古《いにしえ》のこの国では、お酒は、神事の時のみ造り、飲まれていたのです。口嚙みと呼ばれる醸造法は、あるところでは穢《けが》れなき処《おと》女《め》によって、あるところでは、神に親しみ、神を恐れるすべての者によって行われ、宮中「造酒司《みきのつかさ》」では、艶女《おんな》たちが、朝廷のための酒造りを担っていました。

日本人は、いつ頃から米で酒を造り、嗜《たしな》み始めたのでしょうか？　お酒を造る方法や技術、そして香味は、どのような進化を遂げてきたのでしょうか？

『古事記』や『日本書紀』に登場する、八岐大蛇《やまたのおろち》に飲ませた八《や》塩折之酒《しおりのさけ》は、アルコール度数何％だったの？　須須許里《※すすこり》が造ったお酒は、どんな香味をもっていたの？　にごり酒が主体だった古代に、一番はじめに「澄み酒」を飲んだのは誰？　伝え聞かされる物語は、お酒への基本的な疑問をふくらませます。

酒造りや飲酒に関する記述は、多くの書物で確認することができますが、その細部は未だ想像の域を完全に超えることができずにいます。米を原料としたお酒は、稲作、特に水稲が定着し、安定して米が収穫できるようになってから広く造られたにちがいありません。しかしその時期は、遺跡研究が進むにしたがって幾度か見解が変えられ、正確な時期が定まらないまま今日にいたっています。

今、私たちが手に入れることができる復古醸造酒は、古文書や、古い時代に編纂された百科事典などをひもとき、可能な限り忠実に再現して造られています。でも、どうしても再現できないことがあるはずです。例えば、気候や水質、空気中の浮遊物。発酵を左右するこれらのものは、必ずしも昔のままだとはいえません。

そしてもうひとつ、決定的に昔のままでないものは、進化を遂げた酒造家たちの技術。これらが昔と同じでないなら、復古されたお酒の香味も昔のままとはいえないとするのが正当かもしれません。

ただ、復古醸造によって蘇ったお酒は、昔より美味しいのでは？　世界でも類を見ない複雑な発酵形式と高度な技術によって造られたお酒は、色や香り、アルコール度数など、流体の性質を変えて今日にいたっています。お酒は、研鑽を積み続けた研究者たち、酒造家たちによって極められた、金甌無欠《きんおうむけつ》の液体のように思えてなりません。

最新の技術が醸しあげる昔々のお酒。それは私たちの前に現れた、過去への扉なのかもしれません。

※須須許里…百済から渡来し、麹《こうじ》による酒造りを伝承したといわれる人物。応神天皇に酒を献上したと『古事記』に記されている。

第7章

復古醸造

タイムスリップ！
古《いにしえ》の酒をもう一度

千年の昔から、風は竹林を騒がせ、
月は山を照らし、星は煌《きらめ》いていた。
さざめく時代の遷《うつ》ろいのなか、
古のささやきと、
生きとし生けるものの鼓動に耳を傾けて、
酒が来た道を振り返ってみませんか。

古《いにしえ》の酛《もと》

油長酒造《ゆうちょうしゅぞう》「鷹長《たかちょう》 菩提酛《ぼだいもと》 純米酒《じゅんまいしゅ》」

西に葛城山《かつらぎさん》と金剛山《こんごうさん》、南に風の森峠を配する奈良県御所市《ごせし》。奈良盆地南端のこの地には、澄んだ水と米を育む恵み豊かな、酒造り万流の源といわれるにふさわしい伝統が息づいています。

「風《かぜ》の森《もり》」「鷹長《たかちょう》」醸造元・油長《ゆうちょう》酒造の創業は、享保四年（一七一九）。慶長（一五九六〜一六一五）の頃、製油業を営み、油屋長兵衛と名のった先祖が屋号を「油長《ゆうちょう》」としました。酒銘の「鷹長」は、鷹の長《おさ》のように力強く羽ばたく酒となるようにとの願いが込められています。平成一〇年（一九九八）に地元の田んぼで穫れた米・秋津穂《あきつほ》を使って造りはじめた「風の森」は、言わずもがな地元・風の

森峠からの命名です。

室町の時代より造られていた「奈良酒」が全盛期を迎えたのは戦国時代のこと。奈良の菩提山正暦《ぼだいせんしょうりゃく》寺《じ》で生まれた「菩提酛《ぼだいもと》」という技法によって、安全な酛づくりができるようになり、奈良の寺院醸造が現在の清酒造りの基本となる技術を整えたのです。これが、菩提酛造りが清酒造りの起源、正暦寺が酒造り万流の源といわれるゆえんです。

その後、酒造りが各地で多様化していくなかで、山廃酛《やまはいもと》や速醸酛《そくじょうもと》の発展とともに少しずつ忘れ去られていったこの伝統的な技法が、平成一一年（一九九九）より、奈良県の蔵元有志によって清酒発祥の地、正暦寺によみがえりました。

「奈良県菩提酛による清酒製造研究会」会員が、正暦三年（九九二）創建の古刹《こさつ》、菩提山正暦寺に集まり仕込む古の酛造りは、油長酒造一二代蔵元・山本長兵衛氏らによって始まりました。

油長酒造の屋上から望む葛城金剛山系。
その豊かな地の育む水が蔵を支える

室町時代、正暦寺で造られた僧坊酒は「菩提泉」「山樽」などと呼ばれ、その酒質について、京都・相国寺鹿苑院内の蔭涼軒主が記した公用日記『蔭涼軒日録』は、時の将軍・足利義政に「天下一の銘酒」といわせたと伝えます。本来、寺院での酒造りは禁止されていましたが、神仏習合の形態をとるなかで、鎮守や天部の仏へ献上する御酒として自家醸造されていたのです。そのため、宗教団体として位置づけられながらも、荘園領主として統治を行っていた寺院では、大量の米と、土地、人手、水などを得ることができ、利益を求めた酒造りを始めるようになったのです。

酒造りにおける酛の役割は、雑菌を駆逐し、健やかな醪《もろみ》の発酵をつかさどることです。麹米《こうじまい》のみ玄米を使用していた片白《かたはく》と呼ばれる製法をくつがえし、麹米と掛米どちらにも白米を使用する諸白《もろはく》を提唱し、酒の材料を複数回に分けて仕込む「段※仕込み法」を確立させ、濁り酒を澄み酒へ、さらには火入れによる低温殺菌までやってのけた正暦寺の僧は、生米と水を混ぜ乳酸発酵させ「漿水《そやしみず》」（乳酸水）を造りました。

これが、乳酸菌を繁殖させ、その酸性のもとで雑菌の繁殖を抑えながらアルコール発酵を行わせる、微生物学的、醸造学的に理にかなった方法であることはいうまでもありません。

1700年代初めに建てられた蔵内最古の「享保蔵」。井戸から湧き出る深層地下水を仕込み水とする

古《いにしえ》の酛で仕込む「鷹長　菩提酛」は、「奈良酒」の伝統と技を今に伝えています。その五臓六腑をさかのぼるような酸と、向かってくるような旨味は、先人たちの英知の味といわざるを得ません。

一三代蔵元・嘉彦氏は語ります。「各時代の当主が、時代に応じた酒造りに取り組んできました。伝統に甘んじることなく次の世代を見据えた酒造りです。伝統の復活を担った復古醸造という取り組みは、一見新しい取り組みには思ってもらえませんが、やはり時代が何を求めているのかを正確にとらえた取り組みなのです。菩提酛研究会が立ち上がることで、日本酒の歴史が明らかになり、奈良がいかに日本酒の醸造技術発展の場になってきたかを訴えられました」。

また、この蔵では、全国に先駆けて無濾過無加水の生酒を平成一〇年頃に発売したことも大きなターニングポイントとなりました。ゆっくり醪を育て、空気に触れて酸化することのないよう工夫を重ねて搾ったのです。「米以外の味や香りが交ざらぬよう徹底して目を光らせます。最新の技術で一〇〇メートルの深井戸を掘り、鉄分やマンガンが究極まで少ない水を取り出す。余分な香りのつく木や木綿などの道具は使わない。バルブまで気を使い、ゴムパッキンを使わないシンプルな構造に変える。不安定である生酒の安定性と再現性向上をめざして取り組んできたことは、ある意味喜びでもあります。私どもは、清酒発祥の地とされる奈良に生きる酒蔵です。つねに先人たちに恥じない探究心を持ち、技術を磨かねばなりません」。

今を生きる酒造りに徹してきた油長酒造。ただ伝統に倣《なら》うだけでは、今この時代に求められる本物の味を醸し出すことはできません。曇りなき心で一から日本酒を創り上げていく。その思いが、この蔵が新たな歴史を刻んでいくための礎《いしずえ》となるのです。困難な事柄は、きっと各時代にあったのでしょう。しかしこの蔵には、それを越えていく強さがあります。

夏、標高四〇〇メートル地点にある田んぼには、植えられた秋津穂が、青々とした苗を涼しげに揺らします。眼下に広がる大和平野に、この地で続けられてきた人の営みを重ねるとき嘉彦氏はまた思いを重ねます。「今よりもっと美味しいお酒を」と。

※段仕込み法

現在日本酒の製造で一般的な三段仕込みでは、酒母（麹と蒸米で酵母を培養したもの）の全量に、水・麹・米を一度に入れずに、それぞれ三段階（初添え・仲添え・留添え）に分けて、醪《もろみ》を仕込む。複数回に分けて材料を加えていくことで、酒母の酸度を保ち、雑菌の繁殖を抑える効果がある。

油長酒造株式会社

主要銘柄「風の森」「鷹長」

住　所：奈良県御所市中本町 1160
電　話：0745-62-2047
アクセス：JR 御所駅から徒歩約 5 分、
近鉄 近鉄御所駅から徒歩約 10 分
U R L：http://www.yucho-sake.jp/

青い瞳のおやっつぁん

木下酒造《きのしたしゅぞう》「Time《たいむ》 Machine《ましーん》」

天保一三年（一八四二）、木下家第五代当主・木下善兵衛が京都府久美浜《くみはま》にて酒造業を始めます。この地に三〇町歩（九万坪）もの土地を所有する大地主だった善兵衛は、余剰米で酒造りを始めたのでした。現在の当主は一一代目・木下善人氏。主要銘柄「玉川《たまがわ》」は、創業当時蔵のすぐそばを流れていた清流・川上谷川《かわかみたにがわ》に由来しています。当時は、非常に綺麗な清流を「玉のような川」と呼び、川や湖を神聖視する習慣があったそうです。玉のように素晴らしい日本酒を造りたいという気持ちを込め「玉川」と名付けました。

この蔵の杜氏は、フィリップ・ハーパー氏。「青い瞳のおやっつあん」と呼ばれる英国人杜氏です。昭和六三年（一九八八）、英語教師として来日したイギリスの青年は、オックスフォード大学で英・独文化を学び終えたばかりでした。日本に来たものの、日本語は話

せず、和食を口にしたこともなかったこの青年は、やがて、日本の伝統産業の世界に足を踏み入れ、その中核を担う酒造家となります。

彼を酒造の世界に引き込んだ出来事は何だったのでしょうか。彼はなぜ、日本人より日本を理解できるのでしょうか。

イギリスの南西部、コーンウォールの町から大阪の高校で英語を教えるためにやって来たハーパー氏は、当時、文部省と外務省が行っていた語学指導等を担う外国青年の招致事業、通称ＪＥＴプログラムを使って来日しました。快活で人付き合いのいいハーパー氏は、同僚たちの主催する酒席にたびたび参加します。そしてそこで、お酌《しゃく》という文化に出逢うのです。「どうぞ、どうぞ」、「どうも、どうも」。小さな猪口《ちょこ》に酒を注ぎあう日本人と、米から造る酒は、どちらも細やかな和文化としてハーパー氏の目に映りました。

そのうち、飲むだけでは飽き足らず、酒好きという共通点で結びついた職場の仲間たちと酒蔵見学に行くようになります。こうして、教師としての二年間の契約が終わる頃には、すっかり酒造りの世界に魅せられ、日本に残り、酒造家としての人生を歩む決心をするのです。

しかし、仲良く連れ立って蔵見学に出かけていた友人の一人が、すんなり酒蔵に就職を決めるも、ハーパー氏に酒蔵で働くために必要なビザはなかなか下りません。昼間は英会話教室、夜は居酒屋でアルバイトをしながら、週末や正月休みには、一足先に酒蔵で働きだした飲み仲間をたずねる日々。その間に、何度も何度も入国管理局に通い、

蔵が建つのは、川上谷川と久美浜湾、そして山々に囲まれた久美浜町

酒蔵はそれそのものが伝統文化なんだ、そこで働くことは日本の文化を学び、伝え、やがては継承することに相違ないんだと説明しつづけます。粘り強く訴えを続けた結果、とうとう彼は、文化活動ビザを取得するのです。

そして平成三年（一九九一）、奈良の酒蔵で蔵人として働くようになるのでした。精米、蒸米、酛《もと》廻し、麹《こうじ》師と、酒造工程をひとつひとつ順を追って学び、一段ずつ階段を上るように一〇年を勤め上げた彼は、平成一三年（二〇〇一）の夏、南部杜氏資格選考試験（南部杜氏協会）を受け合格します。一四名の受験者のうち合格者は七名という難関でした。外国人受験者は、言うまでもなく彼一人です。

杜氏という任にあたるのに、資格は必須条件ではありません。それを思うと、ハーパー氏の一途な情熱には頭が下がります。

平成一九年（二〇〇七）、四六年間の長きにわたりこの蔵の酒を造り続けた杜氏を失い、会社存亡の危機にさらされていた木下酒造に、ハーパー氏が迎えられます。杜氏に就任し、酒造りに腕を振るう彼は、「純米大吟醸 玉龍《ぎょくりゅう》」「純米酒（山廃）無濾過生原酒」「Ice《アイス》 Breaker《ブレーカー》」と次々ヒットを飛ばします。それらの酒は、日本国内のみならず、海外（アメリカ、香港、台湾、オーストラリア、タイ、シンガポール、ドバイ、オーストリア、イギリス）に輸出されるようになったのでした。

「Time《タイム》 Machine《マシーン》」の話をしましょう。これは、江戸時代の製法で造った酒。島根県立工業試験センター、同県産業技術センターなどで醸造研究から高級清酒製造用麹ロボットの開発まで、この国の酒

広い仕込蔵に掲げられた木札。土壁が歴史を感じさせる

造りに発展をもたらし続けてきた、お酒の神様・堀江修二先生の監修のもと造られた復古醸造酒。精米歩合八八パーセントの酒です。米を多く使用し、汲み水の量を極端に少なくし、とにかく甘い酒。ラベルには三〇〇年前の酒造りが描かれています。

親分肌で部下の面倒見がよい、関西弁のおやっつぁん。瞳の色は久美浜の海と同じ青。天を突くような職人の気質に憧れ、おやっつぁんと呼ばれる杜氏を中心に確かな絆と穏やかな和を広げる酒造りの現場に入りたいと思った二〇代の頃。そうして気がつけば、自分がおやっつぁんになっていた。

木下酒造の製造石数は、ハーパー氏が来てから倍以上になったといいます。信頼を深める蔵元・木下善人氏は、ハーパー氏を常務に据えたほど。日本の職人として生きるイギリス人は、その国籍の違いがあるからこそ、日本人よりも日本を理解できるのかもしれません。

温度変化につねに気を配りながら行われる、麹造り。
手前がフィリップ・ハーパー杜氏

木下酒造有限会社

主要銘柄「玉川」

住　所：京都府京丹後市久美浜町甲山 1512
電　話：0772-82-0071
アクセス：京都丹後鉄道 かぶと山駅から徒歩約３分
ＵＲＬ：http://www.sake-tamagawa.com/

何より大切なこと

若竹屋酒造場《わかたけやしゅぞうじょう》「博多練酒《はかたねりざけ》」

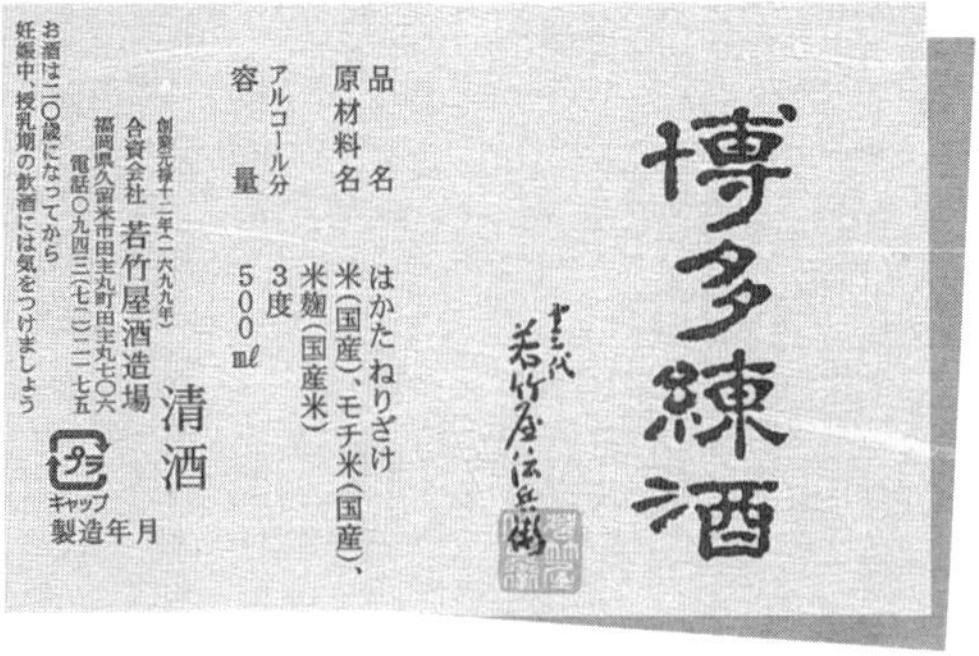

北に筑後川、南に耳納連山《みのうれんざん》が連なる福岡県久留米市田主丸《くるめしたぬしまる》。元禄一二年（一六九九）、初代若竹屋伝兵衛はこの地に蔵を開きます。勢いよく伸び育つ若竹にあやかろうと、屋号は若竹屋《わかたけや》としました。筑後地方では最古の酒蔵ですが、いわゆる資産家ではなく、他の大地主の蔵元が余剰米を酒造りにまわしていた時代、初代は酒そのものの魅力に取り憑かれ酒造りを始めたと伝えられます。

筑後地方の造り酒屋は九州一の大河・筑後川の下流域に固まっていますが、若竹屋が選んだのは中流域、耳納連山のふもとの町・田主丸。清涼な山水が豊富で今も各家庭が井戸水を使う、清水湧き出る地です。「若竹屋」と銘打った限定流通酒シリーズのなかで、もっとも人気がある純米吟醸「渓《たに》」は、耳納連山の渓流のごとく、爽やかで滑らかな味わいをめざして名付けられた銘柄です。

先代の一三代蔵元・林田伝兵衛は、大阪大学の大学院を卒業し、業界で初めて発酵工学の博士となった人物。昭和四四年（一九六九）学会で、当時日本酒には当たり前に使われていた危険な防腐剤・サリチル酸の使用停止を提案、それに代わる瓶洗浄方法や酒の貯蔵方法を発表し、その後のサリチル酸使用禁止に繋がっていきます。

吟醸酒が世に出始めた昭和四〇年代、一三代目は危惧しました。

「吟醸酒は、現代の技術が造り得る素晴らしい酒に違いない。しかし、吟醸造りという技術の先端ばかり追い求めれば、米への感謝、神に捧げる気持ち、大いなる自然の力への畏怖を根底とした根源的な酒の文化を忘れはしないだろうか」。そこで、酒造りの原点を見つめようと創業当時の文献をひもとき始めます。業界全体が吟醸造りに向かうなか、「市場がわかっていない」と罵倒されながらも、その信念と情熱はついに元禄時代の酒を再現させたのです。それが、若竹屋で「古伝酒」と呼ばれる「若竹屋伝兵衛馥郁元禄《ふくいくげんろく》之《の》酒《さけ》」と「博多《はかた》練酒《ねりざけ》」です。

「博多練酒」は、古文書で出会った「練貫酒《ねりぬきざけ》」の製造法を、十数年あまりの歳月をかけ探求して生まれた酒。練貫酒のなかでも、とくに太閤秀吉が愛飲した博多産の酒は、博多町衆の祝い酒や出兵の際の戦勝祈願に飲まれた酒でもありました。

「博多練酒」は、乳酸発酵を主体とした、アルコール度数の低

耳納連山から湧き出す水など自然の恵み豊富な田主丸で、300年以上もの間、酒造りを支える元禄蔵

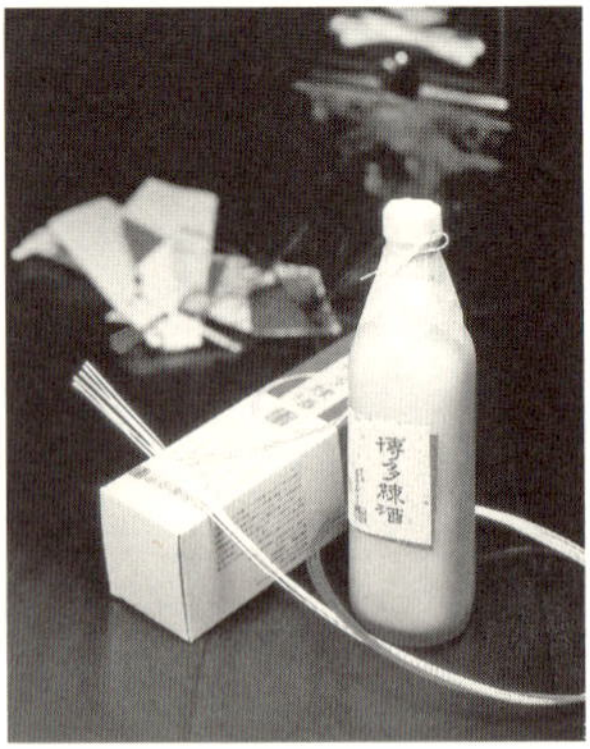

「博多練酒」は祝い酒にぴったり

い白くにごった酒。味わいは甘酸っぱくヨーグルトのようで、白く滑らかな液体は漆塗りの朱盃に浮かべると何とも風情ある祝い酒に感じます。上質の米ともち米を乳酸発酵させ、その乳酸水に水と米と米麴を加えて発酵させたものを石臼で挽き、絹の布で濾《こ》す、これが「博多練酒」の製法です。

資料はあまりに少なく調査は難航し、朝鮮半島や中国大陸まで出かけて解明しました。酒を醸すにあたって、酵母の育成をコントロールする乳酸は重要です。この乳酸の存在に気づいたのが室町期前後。練貫酒はその時代に生まれた、いわば現在の日本酒の原点ともいえる酒です。

こうした原点に回帰した酒造りを継ぐのは、一四代の林田浩暢《ひろのぶ》氏。「十代の頃は『誰が酒屋なんか継ぐものか』と思っていました。だから東京の大学へ進み、広告代理店に就職。ところがある時、若竹屋の試飲販売を百貨店ですることになり、東京在住の私が店頭販売の手伝いをすることに」。しかし一日目は売り上げゼロ。「これでは面目が立たないと二日目は恥ずかしさをこらえながら大声を出してみました。すると、お客様が寄ってくる。うれしくなって、チョット工夫してみようと筑後弁で『福岡の地酒はどげんですか？　美味《うま》かですばい！』と声を張り上げると、お客様が押すな押すなの勢いに。俄然面白くなって、お酒の説明を加えたり、試飲コップの渡し方を工夫したり、色々手を打つと、どんどん売れていったんです」。家業を肯定した瞬間でした。「僕は後継ぎに向いているかどうかは分からない。けど、若竹屋の仕事はきっと好きになれると思ったところに、一通の手紙が届きました」。

――この度御社のお酒を求めたところ、大変美味しかったので礼状をしたためました。百貨店で元気な声で爽やかに呼び込みをしていた若者に惹かれて売場に寄ったのです。

これを読んだ浩暢氏の心は、はっきりと決まったのです。その後、広告代理店を辞め、百貨店に入社し酒売場を担当、全国の蔵元を訪ねる日々を経て、生家へ戻ったのでした。

酒の味を決める要素は複雑です。どの蔵も、米、水、天候、技術……様々な要素がからまるなか、その蔵の思い描く香味を醸しています。しかし若竹屋は、もっとも大切なことは造り手と飲み手が気持ちを分かち合えることだと考えます。自分たちは単に酒を造るのではなく、「人間活性化業」でありたいと語る浩暢氏。そのためには、米の生産者の顔を知り、顔が見える売り方をしなければならないと。それは、あのお礼状が教えてくれた何より大切なことでした。

「若竹屋は先祖より受継ぎし商いにあらず。子孫より預かりしものなり」という家訓を胸に蔵を率いる一四代・林田浩暢氏

合資会社 若竹屋酒造場

主要銘柄「若竹屋」

住　所：福岡県久留米市田主丸町田主丸 706
電　話：0943-72-2175
アクセス：JR 田主丸駅から徒歩約 10 分／西鉄バス 田主丸中央から徒歩約 10 分
ＵＲＬ：http://www.wakatakeya.com/

コラム

時を経ても

「古い酒が新しい酒よりなぜ高いんだって、お客様に怒られました」。そう言って苦笑いされた蔵元さんがいました。こんなお話をうかがうと、日本酒を熟成させるという概念を持たない日本人は、まだまだ多いのだと、あらためて残念に思うのです。

長い年月貯蔵したワインやウイスキーには価値を見いだすことができるのに、どうして日本酒にはそれがないのでしょう？

熟成酒の場合、出来上がったお酒を販売せずに何年か貯蔵するのですから、当然、すぐさま利益を得ることはできません。熟成させる時間は、収入を後回しにするのですから、その点だけを考えても、搾ったばかりのお酒より高価になっても仕方がないはずなのに……。

お酒は、貯蔵によって熟成され、香味や色に変化を来します。酒造家は、自らが求める変化が酒にもたらされるよう、瓶をはじめ、甕《かめ》、タンク、木桶、オーク樽、シェリー樽など、詰める容器を選び、温度環境にこだわります。貯蔵の場所に隧道《ずいどう》や海中を選ぶ酒造家もいます。どんなお酒をどんな環境で貯蔵するかによって、その変化は様々です。

こうなる、ああなると一概にはいえませんが、香味に深みを増し、色づき、長い余韻で身体を包むように酔わせてくれるものが多く見られます。これは、時間の経過とともに、デンプン質はブドウ糖に、タンパク質はアミノ酸に変化し、切り離されて小さくなった水のクラスター（結合塊）がアルコール分子を取り囲むため、アルコールが水に包まれた状態で五感にアプローチをかけるからだと考えられています。

静かな眠りを与えられたあとに目覚めたお酒は、歳月に磨かれたそれぞれの形を持ちます。

光や音と隔絶され、何者にもとらわれず、ひっそりと眠ることを定められたお酒をいただくと、私などは、孤独を愛しながら人恋しさに堪えかねていたのではないだろうかと、そのプロポーションを人格化してしまうのです。

命を滴《したた》らせるような搾りたてのお酒に対して、熟成酒は、悠久のエネルギーに支配された、得体の知れない快楽を見え隠れさせます。それはまるで、体表に触れて皮膚越しに体内の構造を感知するようにエロティックで、平板な日常を焦がすには十分すぎるくらい官能的です。

日本には、日本の時間を生きる熟成酒があります。それは、通り過ぎた月日をすべて見せるようにゆっくりと鼓動を打ち、その豊かな味わいに、人は心を浸すのです。

あなたは、古いお酒が新しいお酒より高価だったら、怒りますか？

第8章

熟成酒

時間という名の魔法

熟《う》れるという言葉はとても官能的。
眠りを与えられた酒は
エロティックに生まれ変わります。
上質な夜に危険のない愛撫を繰り返す。
そんな大人のドリンクシーンに、
時が醸した酒を……。

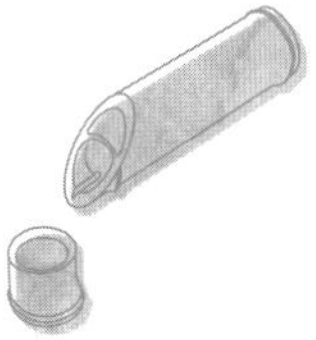

醸造半島　知多の酒

澤田酒造《さわだしゅぞう》「白老《はくろう》　豊醸《ほうじょう》」

黒ずんだ煉瓦の煙突が懐旧の情を誘う、愛知県常滑市《とこなめし》。知多半島《ちたはんとう》の西岸に位置するこの地は常滑焼で知られ、窯業を主としていました。その一方で常滑を含む知多半島は、古くから醸造文化が根づいてきた地でもあります。今も酒をはじめ、酢、味噌、醤油、ソース、ビールの醸造が行われています。

知多の酒造りは元禄元年（一六八八）、尾張藩の御用商人・木下仁右衛門《にえもん》が保命酒と呼ばれる薬用酒を造り、献上したことが始まりと伝えられます。江戸時代後半から明治にかけての最盛期には二百以上の酒蔵があり、その生産量は、灘に次ぐほど

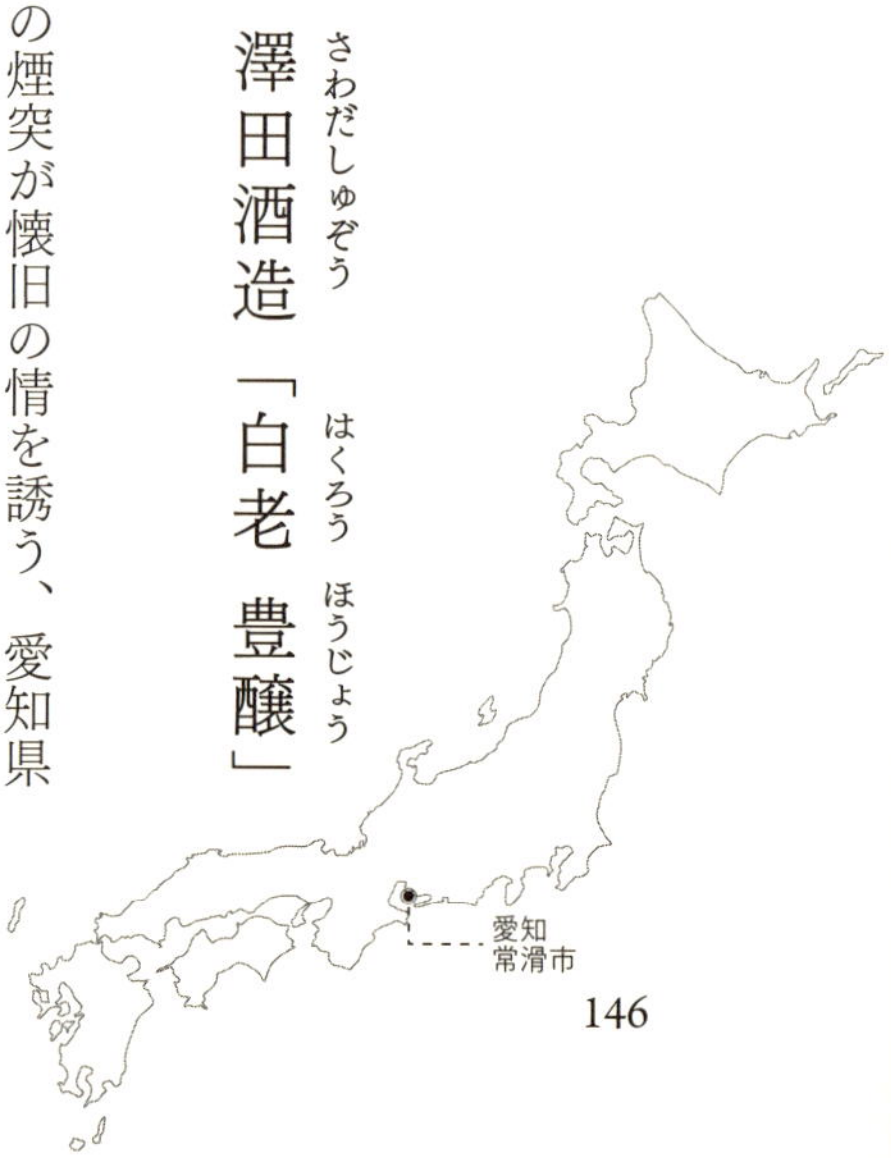

だったにもかかわらず、いま、知多と日本酒を結びつける人は少ないのです。

「愛知のお酒は全国的に見ても知名度が低いです。でも、知多で守り継がれてきた『白老』を是非知ってほしい」。「白老」醸造元・澤田酒造の五代目・研一氏のもとで、蔵元としての修業を積む長女・薫氏は思いを強めます。

澤田酒造は、嘉永元年（一八四八）の創業。知多・西浦の大地主で、手広く海運業を営むと同時に、酒造業も営んでいた澤田儀左衛門の次男・儀平治が、分家後、やはり酒造業を起こし、本家の本倉《ほんぐら》に対して北倉《きたぐら》と称したのが始まりです。

儀左衛門の三人の息子は皆、酒造業に就き、さらに、それぞれの息子たちもまた、分家のうえ酒造業を起こしたため、一族の最盛期には、九つもの蔵があったとか。太平洋戦争開戦時には、北倉、出《で》倉《ぐら》（北倉の第二工場）、総本家の次男が起こした中倉《なかぐら》のみになっていましたが、戦時下の企業整理によって出倉と中倉は廃業、「共に白髪の生えるまで……」と、長く佳い付き合いの素晴らしさを思い、命名した「白老」の酒銘のとおり、最後に残ったのが北倉の澤田酒造でした。隆盛を誇ったこの蔵は、いくつもの試練を乗り越えてきたのです。

最初の波は酒造業界を襲った不況でした。明治に入り、江戸幕府による「酒株」という酒造業免許制度が廃止されると、新免許制度のもと酒蔵は激増します。しかし、酒税がどんどん上がり、値上げを余儀なくされた日本酒の消費量は減少、破産する酒蔵が相次ぎました。この酒蔵不況をうけて、明治一九（一八八六）年、知多の酒造業者は組合「豊醸組」

空と海の音色を子守唄に酒造りに励む。蒸米の放冷に使った布を洗い、干す澤田薫氏

豊醸組が速醸酛の研究に励んだ前倉内の試験醸造施設。江田鎌次郎著『酸類馴養 最新清酒速醸法』（明文堂）より、（上）豊醸組試醸場（下）豊醸組試験室

を結成しました。

豊醸組は、澤田酒造・前倉に設けられた試験醸造施設で、大蔵省醸造試験場（現・独立行政法人酒類総合研究所）勅任技師の江田鎌治郎《えだかまじろう》氏を招いて、速醸酛《そくじょうもと》の研究に励みました。当時の酒造りは、酵母やアルコールを理解せず、経験と勘で行われていたため、深刻な腐造のリスクがつきまとっていました。安定した酒造りをめざして、醸造試験場のほか、いくつかの酒造場で速醸酛の研究開発が始まっていましたが、明治三八年（一九〇五）、豊醸組は他に先駆けて開発の成功を見ます。その後速醸酛は、明治四三年（一九一〇）体系づけられ実用化の途につくのです。

それから半世紀以上が過ぎ、昭和五〇年代も後半に差しかかるころ。日本人の日本酒離れには拍車がかかり、売り上げの低迷に喘《あえ》ぐ酒蔵が全国で見られるようになります。澤田酒造も、その例に漏れませんでした。「ここで酒を造り続けるために、何か新しい動きが必要だ」。そう感じた五代目・研一氏は、百四十周年を迎えた昭和六三年（一九八八）二月二八日、第一回酒蔵開放を実施します。一般の方を酒蔵に招き入れることがなかった当時、蔵の中に人を入れるなんて、と反対した四代目と、大喧嘩した末のことでした。「蔵内の様子を知っていただくことで、価値観を共有できるファンを作りたかった。また愛飲者様に感謝を伝えたかったのです」。この日、酒蔵には、酒販店や近隣の人々約三〇〇人が集いました。

近年は常滑焼のぐい飲みが土産に付くこの酒蔵開放は、酒好きのみならず器好きにも喜ばれ、二七回目を数えた平成二六年（二〇一四）には、なんと五千人が訪問。ぐい飲みを手に酒蔵をあとにする酒徒の群れは、今や、常滑の早春を彩る風物詩となっています。

伊勢湾の向こうから吹き込む鈴鹿颪《すずかおろし》が、温暖な常滑に冬の到来を告げる頃、澤田酒造は活気に満ちます。和釜が出す強い蒸気、※甑肌《こしきはだ》を防ぐ木製の甑《こしき》。仕込み水は、二キロ先の新水《しんず》と呼ばれる丘陵地帯に湧く清水で、江戸時代からの自家水道をつたって引き込まれます。

「白老 豊醸」は、芯に持たせた強い旨味が、熟成という過程でさらなる力を発揮し、酒そのものを押し広げ、豊かさをもたらしたかのよう。俯瞰して大局を見守った末に得た香味。この酒は、ゆったりとしていながらどこかストイックです。

「激動の時代を乗り越え、並々ならぬ思いで蔵を守ってきた先祖の努力を思うと、私も命がけで蔵を守ろうと思うわけです」。克明に過去を受け継ぎ、守り、伝える人がいます。「命がけで蔵を守る」。胸に迫る薫氏の言葉は、この蔵を未来へと押し出すのでした。

※甑肌

蒸きょう（水を吸わせた米を蒸す）の際に、甑に接している蒸米部分を指す。甑に接している蒸米部分に蒸気が凝縮して水滴が生じ、その部分の蒸米が水分を吸い、米の水分が均一にならない状態を指すときもある。

澤田酒造株式会社

主要銘柄「白老」

住　所：愛知県常滑市古場町 4-10
電　話：0569-35-4003
アクセス：名古屋鉄道 常滑駅から車で約 15 分
U R L：http://www.hakurou.com/

シェリー樽《ウッド》という魔法

冨田酒造《とみたしゅぞう》「七本鎗《しちほんやり》　シェリー樽熟成《しぇりーだるじゅくせい》」

賤《しず》ヶ《が》岳《たけ》のふもと、滋賀県長浜市木之本《きのもと》は、北《ほっ》国街道《こくかいどう》と北国脇往還《ほっこくわきおうかん》が交わるかつての宿場町。街道の中央には小川が流れ、その両側に柳が植えられていたことから「やなぎもと」とも呼ばれたこの町は、大きなお地蔵様をいただく木之本地蔵院の門前町として栄えてきました。

脇往還から本街道に入ると、真っ先に目につくのはお醤油屋さん。ほんの数十メートルのうちに、三軒もの家が醤油を醸造しています。木《き》之本宿《のもとじゅく》華やかなりし頃、このあたりには醤油屋だけでなく、二〇ほどの造り酒屋があったと言いますから、今も昔も醸造は、暮らしに寄り添

うものだったのだと感じ入ります。建ち並ぶ家々に嵌《は》め込まれた格子と、どこか張りつめた空気に見送られながら進むと、街道を見下ろすように軒先に繁る酒林《さかばやし》。冨田酒造のものです。

近江源氏佐々木京極氏を祖とする冨田家が、江州《ごうしゅう》酒屋八右衛門の名で始めた酒造業は、天文年間（一五三二～一五五五）の創業。日本に酒株《さけかぶ》制度が導入される百年以上も前のことです。酒株とは、江戸幕府によって制定された醸造業の免許で、初めて発行されたのは明暦三年（一六五七）でした。

ゆるやかな坂の途中に建つ蔵家屋は延享元年（一七四四）の築。天災をくぐり抜けてきたその威容は、年月を経た重厚さを見せ、浮き立つ旅人の爪先をとらえるのです。斜面に建つ蔵は、幾度かの増築で生まれた高い敷居や段差を抱え、蔵人たちに過酷な労働を強いてきました。

この蔵の現当主は、一五代・冨田泰伸氏。醸す酒は、「七本鎗」です。賤ヶ岳の戦いで秀吉の勝利に貢献した若き七人※の武将たち。その武士《もののふ》の魂を伝えるような酒を、北大路魯山人はこよなく愛し、度々この蔵に逗留しました。魯山人が冨田家に残した作品のなかに、「酒猶兵　兵不可一日而不備」という書があります。酒は猶《なお》兵の如し　兵は一日として備えざるべからず——酒はあたかも兵と同じである。一日として手元に置いておかない訳にはいかない。妥協を許さず、完美を求め続けた美食家が、この蔵の酒を高く評価していたことがうかがえます。

今、ラベルに見る「七本鎗」の文字も、魯山人がこの蔵に遺し

越前・加賀へ通じる道として栄えた北国街道沿いに立つ蔵

一二代蔵元にあてて書かれたという
北大路魯山人の扁額

た木彫りの文字からとったもので、店先に掲げられたその扁額が、訪れる酒徒を出迎えるのです。それまでの「七本槍」を現在の「七本鎗」に変えたのは、これが始まりだとか。「鎗」には酒を入れる器という意味がありますが、魯山人はもうひとつの意味をも込めたのではないでしょうか。鎗は鼎《かなえ》、すなわち食物を煮炊きする鍋の意味もあると知っていた魯山人が、米を蒸すことをはじめとする酒に、この字を選んだのではないかと推察できるのです。

「七本鎗」の数あるアイテムに共通するのは、恐ろしいほどの主張と、驚くほどの順応が、食材との融合を巧みに操ること。そのワイルドな粋美は五感を鋭く突き刺すようで、その名とあいまって、死と隣り合わせに生きた武士《もののふ》たちの、潔さという美学を感じさせるのです。

そのなかに、シェリー樽で熟成されたものがあります。

「ヴィンテージという観念のうすい日本酒に、熟成というスタイルを持ち込むにあたり、まず樽のイメージが湧いた。貯蔵に洋酒の樽を使ったのは、日本酒はダサくて洋酒はカッコイイといった一般のイメージを逆に利用して、日本酒に興味を持ってもらうきっかけになればと思ったから」と、泰伸氏。樽はスペイン南部アンダルシア地方の町ヘレスから、シェリー酒のなかでも特に、酸化熟成した香味を楽しむオロロソの貯蔵に使われていたものを取り寄せました。

どこの葡萄で造ったのかよりも、どこで、どんなふうに熟成されたのかを重視するシェリー酒は、貯蔵環境や時間が液体に与える影響の大きさを、何世紀ものあいだ物語ってきました。また、ブランデーはじめ他のアルコール類の貯蔵容器として、シェリー樽が有用なことはよく知られるところ。糖度が高く、どっしりと重厚なオロロソが眠っていた樽は、「七本鎗」をどう変えたのでしょうか？

シェリー樽に抱かれるように眠った「七本鎗」は、樽の持つ複雑な芳香を受け入れ、抑制しながら放つというしたたかさを見せていました。うっすらと甘味をまとったボディからは、内臓を直接愛撫するように五感を貫きます。――このお酒は色っぽい。

ヘレスと木之本町は、どこか似ているように思えてなりません。この二つの町は、戦略と交通の要衝として幾度も戦いの舞台となり、破壊され、血に染められた過去を持つのに、そんなことは忘れてしまったかのように静かなのです。そして、どちらの町にも、歴史を飲み込んだ静けさのなか、葡萄に、米に、鮮やかな変貌を与える人がいます。

ヘレスの木樽は、湖北の時間と結びつき、お酒に魔法をかけました。

蔵元として、七本鎗の新たな魅力を生む冨田泰伸氏。麹室にて

※賤ヶ岳の七本槍
羽柴秀吉（のちの豊臣秀吉）が柴田勝家に勝利した賤ヶ岳の戦いで、功名を上げた七人の武将。加藤清正、福島正則、片桐且元、脇坂安治、加藤嘉明、平野長泰、糟屋武則のこと。

冨田酒造有限会社

主要銘柄「七本鎗」

住　所：滋賀県長浜市木之本町木之本1107
電　話：0749-82-2013
アクセス：JR 木ノ本駅から徒歩約 5 分、木之本 IC から車で約 3 分
U R L：http://www.7yari.co.jp/

ハナ、ハト、ママ……

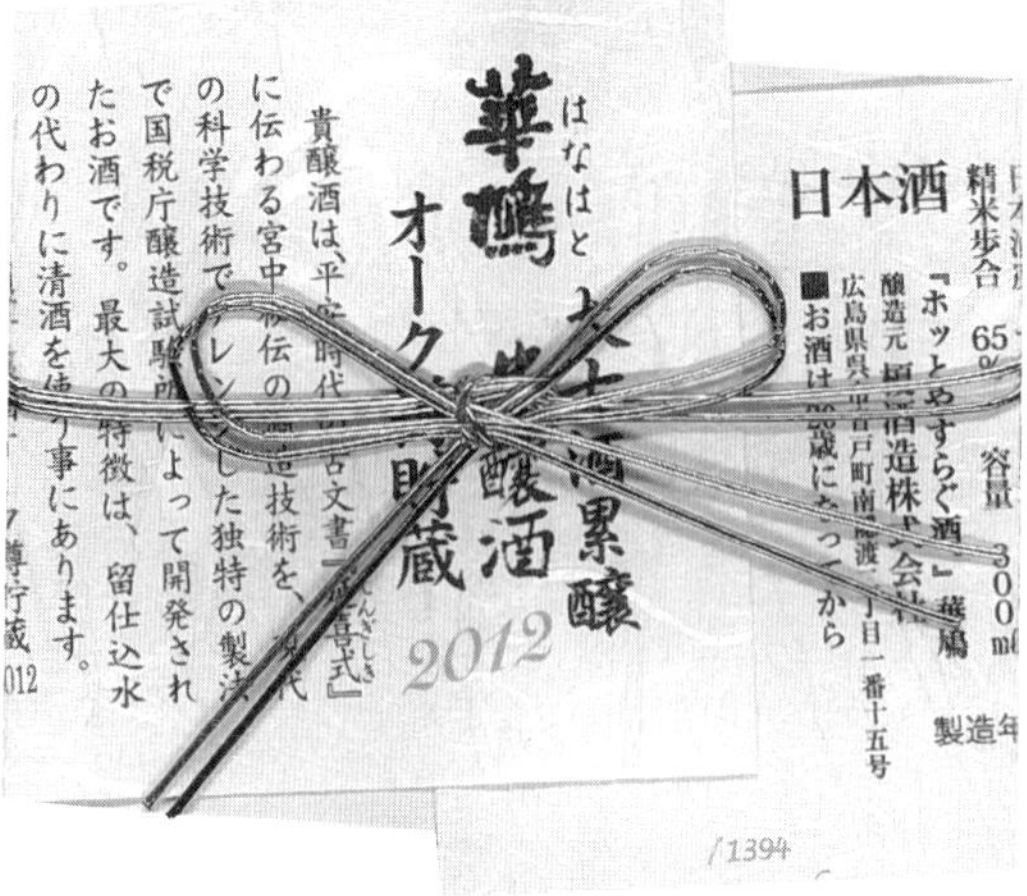

榎酒造《えのきしゅぞう》「華鳩《はなはと》 貴醸酒《きじょうしゅ》 オーク樽貯蔵《おーくだるちょぞう》」

――船頭《せんどう》可哀《かわい》や音戸《おんど》の瀬戸で一丈五尺の櫓《ろ》がしわる。

広島湾の東南、瀬戸内海に浮かぶ倉橋島。海岸の地形そのままにカーブする道路、屈折する路地、堤防に広がるちりめんじゃこ。平清盛が沈む夕陽を扇で止め、一日のうちに開いたとされる音戸の瀬戸は、細かな波紋に陽の光を眩しく反射させます。本州と七〇メートルの海峡で隔てられたこの港町には、昼間はたくさんの船が行き交い、夜になると、グレや鯛、太刀魚などの大物狙いの釣り人たちが仕掛けを投げ込みます。赤いアーチを描く音戸大橋がありながら、乗船料七〇円の渡し船も健在です。

そんな島の町、広島県呉市音戸町に、明治三二年

（一八九九）、榎酒造は創業します。榎家を含め、平家の落人の末裔が多く住むというこの地で、「清盛」という銘柄を醸し始めたのでした。

ところが、平清盛は書籍やテレビで悪役とされることが多く、歴史的評価もかんばしくありません。県外販売するにあたり支障があると判断し、新たに「華鳩《はなはと》」という銘柄を立ち上げたのでした。酒銘は、蔵の所在地が鳩岡という地名だったこと、尋常小学国語読本（当時の国語の教科書で通称ハナ・ハト読本）が「ハナ、ハト、マメ、マス」という言葉から始まっていたことから、誰もが知っている四文字にしたそうです。尋常小学国語読本は、大正七年（一九一八）から昭和七年（一九三二）まで使用されていましたから、「華鳩」誕生も、この期間ということになります。

「華鳩」を語るうえで忘れてはならないアイテム、それは「貴醸《きじょう》酒《しゅ》」です。貴醸酒とは、昭和四八年（一九七三）に国税庁醸造試験所（現・独立行政法人酒類総合研究所）で開発された、三段仕込みの最後の工程である留添えで、仕込み水ではなくすでに完成されている清酒を用いて造る清酒のこと。甘く濃醇な味わいを特徴とし、また、長期にわたり熟成させたものは、液体に琥珀色をまといます。

その名は、開発者である故・佐藤信氏が命名、貴醸酒協会（四〇の酒蔵が加盟）が掲げる商標であり、この協会に属さない酒蔵が同じ醸造法をとったとしても使用することは許されません。

開発のきっかけは、テレビ放映されたとある晩餐会のシーン。テレビに映し出された海外からの国賓を迎えた晩餐会では、乾杯

狭幅ながら古くからの交通の要所だった海峡・音戸の瀬戸に掛かる音戸大橋。大小２つの赤いアーチは町のシンボル

榎酒造の煙突。誰もが読める酒銘「ハナハト」の白文字が目を引く

にフランス産ワインやシャンパンが使われていました。「なぜ日本酒で乾杯しないのか」という疑問と不満が当時研究室長だった佐藤信氏を突き動かし、「もっと高価な日本酒を造る必要がある。水の代わりに清酒を使用した清酒を造ってみよう」と、清酒を原料とする清酒の開発が始まったのでした。

　これを聞き、当時、甘口で価値の高い酒を探究していた三代目・榎徹《とおる》氏は、試験醸造を申し込みます。ときはまだ、何もしなくても日本酒が売れた時代、新しいことにチャレンジする蔵は、この時点で榎酒造ただ一社でした。そして、昭和四九年（一九七四）、全国初の貴醸酒が発売されます。これまでにない甘さをもつ酒を、酷評する者も少なからずいたなかでのスタートでした。

　その後、「華鳩 貴醸酒」は、アイテムを増やしていきます。熟成年数が違うもの、生にごり、スパークリング、白麹混合仕込み。なかでも、六年ごとに仕込む、二〇年以上の貴醸酒で仕込み、オーク樽で貯蔵した「華鳩 貴醸酒 オーク樽貯蔵」は、古酒の品格が極上の甘みを引き出し、とてもエレガントです。二一世紀幕開けの二〇〇一年から造られています。フレッシュな新酒から琥珀色の古酒まで、「華鳩」といえば貴醸酒、貴醸酒といえば「華鳩」。ストレートはもちろん、お燗、クラッシュドアイスでミスト、バニラアイスクリームにかけたり、ステーキソースにアレンジしたり……。その楽しみ方は幾通りにも広がります。

「誰も飲んだことのない酒を造ってみたかった」という徹氏の、つねに新しいことに挑むフロンティア精神は、四代目・俊宏氏と藤田忠杜氏が引き継ぎます。

「柔軟な思考を持つ藤田忠杜氏は決して『できない』と言わない優秀でおだやか人。その人柄のようにやさしい酒を造ってくれます。ホッとやすらぐ酒をコンセプトに掲げるうちの酒として、申し分のないものが出来ていると思います」。語り手は、この蔵の長女・榎真理子氏。家族や友人たちとの価値観のズレに悩んだ末フランスに渡り、一二年の歳月を過ごしたのち平成一二年（二〇〇〇）に帰国、生家である酒蔵で働きだしました。キュッと上がった口角が知的な笑顔に眩しさを添える、榎酒造の大きな大きな看板です。

「四代目となる弟は、働き者で責任感が強く、とても堅実。そのうえ、父からチャレンジ精神を受け継いでいます。私はあまり力になれていませんが、ホームページを作ったり、ラベルをデザインしたり、小さな蔵ならではの経費削減にはなっていると思います」。フランスで過ごした時間は、人それぞれ価値観が違うのは当たり前、そのうえで尊重し合って生きるんだということを教えてくれたという真理子氏。この蔵は、蔵元、蔵人、みんなの価値観を融合させて一つのブランドを支えているのかもしれません。

藤田忠杜氏（写真左端）と四代目俊宏氏（右端）を中心に、蔵人たちの熱い思いが酒造りを支える

榎酒造株式会社

主要銘柄「華鳩」

住　所：広島県呉市音戸町南隠渡 2-1-15
電　話：0823-52-1234
アクセス：JR 呉駅からバス約 30 分 音戸市民センター下車 徒歩約 3 分
U R L：http://hanahato.ocnk.net/

熊本だけん、クマゼミたい

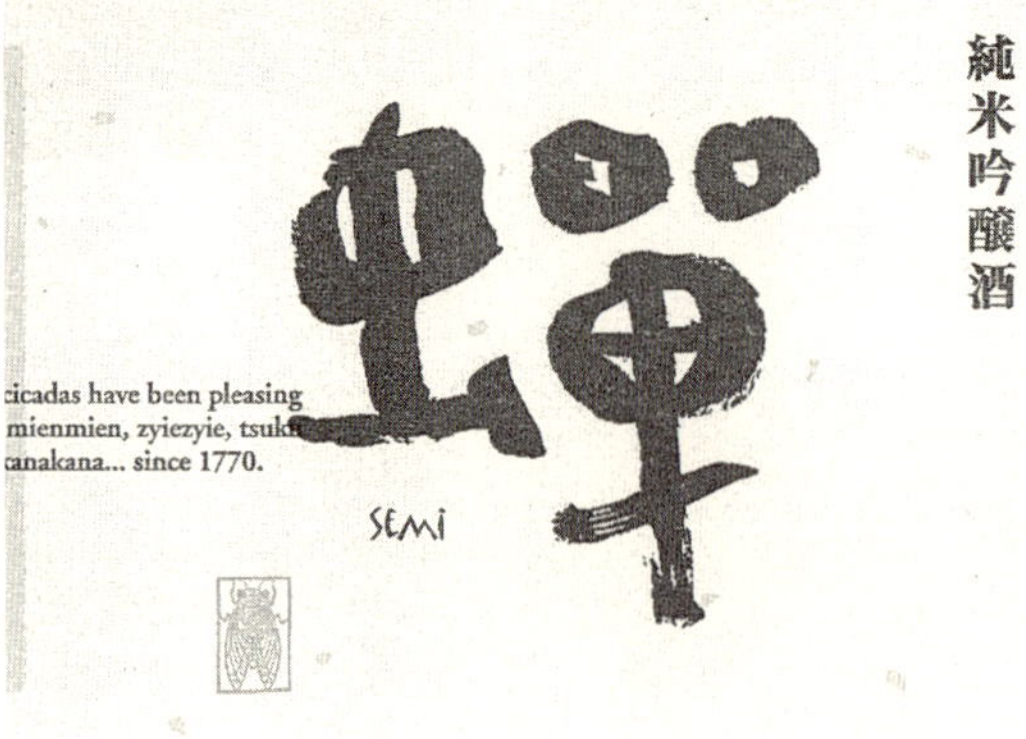

通潤酒造《つうじゅんしゅぞう》「蟬《せみ》」

「分け入っても　分け入っても　青い山」。漂泊のなかで、自然や心情、境涯を切り取るように言葉を編み続けた種田山頭火。七年にも及ぶ行乞《ぎょうこつ》の旅で、八万四千句という膨大な作品を遺した詩人が、かき分け、かき分け進んだ、青く燃え立つ草木の道は、日向往還《ひゅうがおうかん》。藩政時代に通された、熊本城から宮崎県延岡までを結ぶ三四里（一三六キロ）の山の道です。

山頭火の旅からさかのぼること約五〇年の明治一〇年（一八七七）、西南の役で敗走する西郷隆盛は、この街道をたどり、故郷をめざしました。手掘りのトンネルや苔むした橋……過ぎ去った時間の苦痛もやすらぎも街道の土に隠し、敗軍の将は最後の軍議を「備前屋」で開くのです。

この「備前屋」が今の通潤酒造で、もともとは廻船問屋を営んでいました。江戸時代半ば、第六代肥後藩主・細川重賢公による検知のやり直しにより、このあたりの山間部では隠し田が多く見つけられ、重い税を課せられました。のしかかる税負担によって村の衰退を招いてはいけないと、町年寄の一人・備前屋野尻清九郎が酒造りを始めたのは、明和七年（一七七〇）のことでした。

山に守られ、山に隠れているようにも見える、熊本県上益城郡《かみましきぐん》山都町《やまとちょう》。阿蘇の外輪山と九州山地に囲まれたこの町は、標高約五〇〇メートルに位置し、冬は雪をいただき、最低気温はマイナス一〇度にまで下がります。

この地のシンボルは通潤橋《つうじゅんきょう》。肥後の石工たちがみごとな技術を見せた水路橋は、嘉永七年（一八五四）に架けられました。真っ白な水しぶきを上げ、灌漑の使命を今なお果たし続ける石造りの橋は、鄙《ひな》の里に重厚な古びの美を添えています。大正時代から造る主要銘柄「通潤」の名はこの橋にちなみ、社名もまた、昭和三八年（一九六三）に、濵町《はままち》酒造有限会社から通潤酒造へと改めました。

現当主は第一二代蔵元・山下泰雄氏、もともとは銀行に勤めていました。「蔵を継承するかどうかについては正直、半々の気持ちだったのです。ところが酒造業が斜陽になり、このままでは家がなくなるのではと思ったとき、足元が崩れるような恐怖に駆られ、家内の意見も聞かず銀行を辞めていました。一生の不覚は、

蔵のほど近くには国の重要文化財にも
指定される「通潤橋」がある

通潤ならではの純米吟醸を目指しタッグを組んだ、
杜氏・藤川博久氏（右）と一一代蔵元・山下泰雄氏（左）

あのとき失業保険をもらわなかったこと！（笑）」。気取らない語り口の蔵元は、つぎつぎと新しいブランドを生み出します。

じわりと内から染み出るような濃潤な旨味を持つ純米酒「山頭火」、繊細で優美な純米吟醸「ソワニエ・ローズ」、伸びやかな米の旨味を感じさせる「平家物語」。「冬、地面を雪に覆われない地方は、空気中の雑菌濃度が高くなりがちで、どうしても味の多い酒になりがち。徹底的な道具洗い、蔵の洗浄を行い、ようやく雑味のない、飲み飽きしない旨味を持つ純米酒を造れるようになったとき、純米吟醸でも『これぞ通潤』といえるものを造りたい！と思い立ったのです」

これまでとは一線を画した香味を持たせるために、「精米歩合五〇％の純米吟醸を一年寝かせること（貯蔵熟成）によって味にふくらみを持たせる」という藤川博久杜氏の提案を採用。通潤にしか出せない香味の追求には、時間の作用を生かすことにしました。

「一年寝かせるとなると、資金も寝る。ありゃりゃ、困った、困った。でも、まぁ、せっかく時間があるんだから、ぼーちぼーちいこかーと、ゆるーい企画をスタートさせました」。いったん出来上がった酒を一年貯蔵熟成させるということは、米の手配を酒造りの始まりと考えるとゴールは二年後。利益は先延ばしになってしまいます。蔵元にとって喜ばしくはありませんが、そこをあえて、ゆるりと挑むことにしたのです。その「寝かせる」時間に、地元の仲間が集いました。

画廊のオーナー、美術の先生……地酒「通潤」を心から愛する愉快な飲み仲間たちが、毎週のように集まってはワイワイガヤガヤ。そのうち、一年間の眠りを与えた酒を「寝て育つところが一緒だから」と、「蟬」と名付けてくれました。「熊本だけん、クマゼミたい！」

「絵描きでもある大森健弘《たけひろ》さんとそのお仲間や版画家の東弘治《ひがしこうじ》さんなど、ネーミングからラベルにいたるまで地元のみんなの協力で、遊び心満載の銘柄に仕上がりました。ラベルの字は、当時小学生だった東さんのお子さんが書いたもの。なんとも蟬っぽい！」。

一年の眠りは、品の良いふくらみと、ふんわり漂う余韻を与えました。やさしい酸は、まるで遠くの蟬時雨《せみしぐれ》を五感に浴びるようで、いかにも涼やかです。

この、深く険しい山間の町では、水を渡る橋が人々の暮らしを支え、花や段々畑、鳥や虫の声が四季折々の自然の色を伝えます。

心を撫でるように繋がる山々の稜線は、通潤酒造の酒造りを見守っているように見えます。この町から旅立った「蟬」が、どこで、どんな人の前で鳴いているのか。一升瓶の中から、もし蟬の鳴き声が聞こえたら、山都町と通潤酒造と、愉快な仲間を思い出してください。

約 220 年前の梁や柱が当時のまま残る、蔵内の資料室

通潤酒造株式会社

主要銘柄「通潤」

住　所：熊本県上益城郡山都町浜町 54
電　話：0967-72-1177
アクセス：JR 熊本駅から車で約 1 時間 30 分
U R L：http://tuzyun.com/

あとがきにかえて　Special Thanks

うまく書こうとすると心が伝わらない。気持ちのままに綴ると文章はぶつ切りに。本書執筆中、私は何度も、自分自身に苛立ちました。胸に立ち止まる思いを吐き出すことができないまま、いくつもやり過ごす締め切り。その間、人文書院・伊藤桃子さん、アリカ・永野香さんには多大なご心配とご迷惑をおかけすることになってしまい、今は猛省中です。

すべての原稿を書き終えて、この「あとがきにかえて」と題した白いワードの画面と向き合う私は、ここに何を書くべきか、もうずいぶん長い時間考えています。でも、いくら考えても答えはひとつ。お礼を言いたいということだけです。

一冊の本は、実にたくさんの人によって作られます。この本を世に送り出すことができるのは、出版社、編集スタッフ、著者以外の多くの人のお力添えがあったからです。まず、道標となる多くの論文や良書をお書きになられた先学の方々がいたこと。本来ならば、参考文献のすべてをここに挙げなければならないのですが、この数行で感謝をお伝えするしかない無礼をお許しください。そして、公益財団法人日本醸造協会代表理事・会長の石川雄章《たけあき》先生には、帯文をお書きいただきました。厚かましく急な願いにもかかわらず、お引き受けくださいましたこと、深く感謝申しあげます。

最後になりましたが、酒蔵の皆さん、私に書くことを許してくださってありがとうございます！

中野恵利

地域別インデックス

銘柄別インデックス

※掲載頁はその銘柄が登場する記事の開始頁としています

著者紹介

中野恵利（なかの えり）

杜氏屋主人／プロデューサー。

1995年6月、ライターのかたわら、大阪・天神橋筋に日本酒バー『Japanese Refined Sake Bar 杜氏屋』を開店。2008年4月より現在に至るまで、リビングカルチャー倶楽部・セブンカルチャークラブ・よみうり文化センターなど、各地のカルチャーサロンにて日本酒講座「in My Life やさしい日本酒」を開講。新しいユーザーを獲得するため、イメージ戦略のアドバイザーとしても活躍。日本酒のヴィジュアル改革にも取り組み、命名・ラベルデザインを施した日本酒も数々。毎年の酒造オフシーズンには、自ら日本酒イベントをプロデュース・開催するなど、日本酒の普及と宣伝に余念がない。著書に『純米主義――浪花の日本酒カリスマが厳選した本当に美味しい日本酒61本』（2010年、レディバード小学館実用シリーズ）。

写真撮影：野波浩（［口絵］醸し人たち　冨田酒造 冨田泰伸氏、若林酒造 山口竜馬氏）、東近江市観光協会（P.97 道しるべ・P.99）、
濱田義勝（P.116 和釜）

ちいさな酒蔵《さかぐら》33の物語
――美《うつく》しのしずくを醸《かも》す　時《とき》・人《ひと》・地《ち》

2015年8月30日印刷
2015年9月10日発行

著　者　中野恵利
発行者　渡辺博史
発行所　人文書院
〒612-8447　京都市伏見区竹田西内畑町9
電話075-603-1344　振替　01000-8-1103
http://www.jimbunshoin.co.jp/

編集協力　有限会社アリカ（永野香・白木麻紀子・岩朝奈々恵）
制作協力　株式会社桜風舎（村井ひとみ・松浦瑞恵）
装　幀　上野かおる

印　刷　創栄図書印刷株式会社
製　本　坂井製本所

乱丁・落丁本は小社負担にてお取替えいたします。

ISBN 978-4-409-54082-4 C0077

人文書院の好評書